大舍
ATELIER DESHAUS

2001-2020

柳亦春　陈屹峰　著

中国建筑工业出版社

目录　Table of Contents

作品　Works

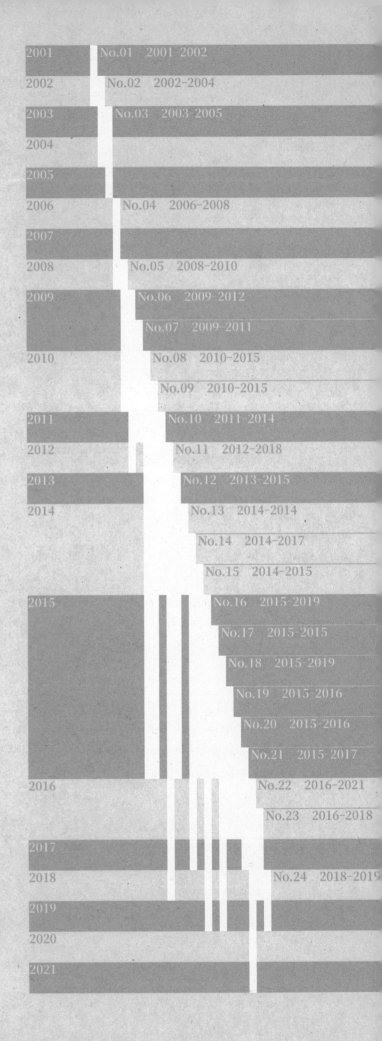

2001　No.01　2001–2002
2002　No.02　2002–2004
2003　No.03　2003–2005
2004
2005
2006　No.04　2006–2008
2007
2008　No.05　2008–2010
2009　No.06　2009–2012
　　　No.07　2009–2011
2010　No.08　2010–2015
　　　No.09　2010–2015
2011　No.10　2011–2014
2012　No.11　2012–2018
2013　No.12　2013–2015
2014　No.13　2014–2014
　　　No.14　2014–2017
　　　No.15　2014–2015
2015　No.16　2015–2019
　　　No.17　2015–2015
　　　No.18　2015–2019
　　　No.19　2015–2016
　　　No.20　2015–2016
　　　No.21　2015–2017
2016　No.22　2016–2021
　　　No.23　2016–2018
2017
2018　No.24　2018–2019
2019
2020
2021

天窗与飞艇

速写大舍

张永和

认识柳亦春和陈屹峰已多年，不记得最初在什么场合遇到的了。2018 年，在北京一个叫"理想家·中国"的展览上，我们展出的房子紧挨着，那一次我们做起了邻居，时间虽然不长。开幕那天，亦春请我过去"他们家"参观，最后把我领到了楼上一个天窗下。

天窗

大舍家帐篷似的超薄屋顶上开着一个圆形的天窗。这个临时建筑尽管不大，天眼般的窗洞还是构成了万神庙时刻。我也没问亦春设计这栋未来实验住宅时是否想到那座古罗马遗迹。他如果想到，也不会是为了引起历史联想；如果没想到，他掌握的学识也足以使他能够即开放又谨慎地运用任何建筑元素。不难注意到大舍趣味高雅，但是好的现代趣味并不够。大舍自认是将建筑当作诗意建造的实践，意味着他们非常在意如何把房子盖好。这并非大舍专属，更是全世界工匠 - 建筑师们的不懈追求。只要看一眼佛光寺或万神庙，就明白了。不幸的是，这个古老的传统目前正迅速地被遗弃。我相信亦春和屹峰属于今天硕果仅存的一小撮建筑"硬汉"。我清楚地记得亦春在分享上海龙美术馆现浇混凝土工艺"秘密"时激动的样子。我或许误导读者了，亦春并非技术至上派。我前面也提到过诗意，提到过天眼。此刻，他和我仍站在天窗或建筑之眼的下面，向空中眺望。亦春在搜寻着什么我不得而知，但我知道他们俩谁也不会为看到一个熟知的东西而兴奋，他们要有所发现。

飞艇

亦春能够清楚地表达自己的思想，但平时少言寡语，更不玩弄辞藻。当头顶上那块圆形钴蓝渐渐变深，我们简单交流了一下各自希望能在窗外看到的，并达成了一致：一个飞艇，没谈理由。当天晚上，亦春从微信上传来一张"批"得完美的图片：一个飞艇在我们眼前的一轮暮色中驶过。不过，为什么还是得问。既然此文谈的是大舍，我就来揣摩一下亦春的动机：他是想看到一个会飞的房子？恐怕不是。我不认为他喜欢那么不着边际的幻想。但空中楼阁呢？我的意思是亨利·梭罗的空中楼阁。梭氏曾言：如果你建了空中楼阁，你的工作也未必白费，它们该在天上就让它们在那儿；加上基础便是。梭氏对空中楼阁建造过程的描述我并不意外。他讲的是想法先行，然后落地。归根结底，他还是有些建造经验，在瓦尔登湖畔盖过一个木屋。我想冒昧地给梭氏贴上务实理想主义者的标签，也想把这个称号赠给所有优秀的建筑师，包括亦春他们。用天窗，我想呈现一个立足于意匠文化的建筑师柳亦春；用飞艇，我意在揭开亦春温和的表面显露出他的热烈内心：追求一个建筑的新世界，有时超前，有时失重，从不怀旧。在这颗心灵之上，修养、知识、文化、良知支持着一个大脑。这位知性建筑师柳亦春会拆解汉字，使其变成一个结构简图，让现代平面与古典穹顶遭遇。亦春，还有屺峰，既全球也本土，从中国本土到上海本地，具备批判能力的当代人本来如此。我不认为今天存在着纯粹单一的文化人。人通过学习了解世界的文化，正像他们两位。

再回到天窗下，我们此时看到的已是夜空。我的飞艇来自弗朗索瓦·史其顿绘本小说中的世界，那里过去、现在、未来总是混在一起，人们身着文艺复兴时期的袍子驾驶着未来世界的飞行器。亦春在脑子里搭建的飞船结构构件一定不会有超不过 5cm 宽的截面，它现在马上要降落在一个未知之地。这个去处有如废墟一般（有点儿像电影《银翼杀手》？），正出现在地平线上，已被他的目光锁定。

即物即境

柳 - 柳亦春 _____

陈 - 陈屹峰 _____

_____

对谈 I
2016 年 11 月对谈于上海，_____
2022 年 2 月修订 _____

—

柳： 2013 年我们在哥伦比亚大学北京建筑中心做了一次大舍建筑作品展，当时把展览名定为"即物即境"。时隔三年，对于"物"与"境"，你一定有了一些新的体会吧？

陈： 新的体会目前还谈不上，我在作品展的基础上，对大舍的实践做了进一步思考。在过去很长的一段时间中，我们的设计注重情境营造。如何能再深入一步，把设计从对诗情画意的美学表达引向更为基本的建筑学内容？2013 年展览的名称定为"即物即境"，我想就可以作为这个问题的阶段性结论：我们希望从强调建筑本身的物质性入手，来超越"情境"。相信这种由"物"即来的"境"一定不会仅仅停留在某种形式美层面，那它究竟是什么呢？

大舍"即物即境"个展

—

柳： 其实我们当时提出这样的看法是有针对性的，既是对我们自己设计的反思，也是对当下许多建筑实践的反思，我发现过于凸显建筑的叙事性，包括对建筑与城市和社会关系的叙事性表达，很容易忽视建筑自身的许多东西，感人的建筑越来越少了，而且容易陷入一种取巧的倾向。在这个时候重新唤起对"物"的关注，也是希望建筑在面对诸多社会性问题的时候，它的构建仍然能够建立在一个比较坚实的基础上。这么说好像很容易陷入有关建筑学的内涵与外延的争论上，这倒并不是我想看到的，就像"即境"和"即物"，都是可以抵达优秀建筑的途径，在当今的社会和城市状况下，建筑早已不再是个单

01-

纯的学科，所以 2013 年我们提出的"即境即物／即物即境"是有两层递进关系的词组，现在我更倾向于认为将"即物"和"即境"作为一个并列词组，任何建筑都将是这两种倾向相互纠缠的结果，在这两种关系里，我认为"即物"是一个重要的基础，是建筑更为内在性的内容。

：如果现在把"物"理解为建筑学更为
体的部分，或者说是更为自主的内容，
"境"与建筑学的外延相对应，我觉得
也成立。在实践中更多地关注"物"，就
你刚才谈到的那样，在中国当下有着非
现实的意义。不过对建筑学来说，这个
物"包含了很多层面的内容，可以是与建
本身相关的结构、材料、构造等要素，
是知觉主体的自身感知，也可是一种更
泛意义上的"汇聚"，就如同海德格尔对
物"的界定。

柳：你这两年持续阅读了不少海德格尔的著作，对你而言，比如对"物"的理解，在具体的设计实践中，产生了怎样的影响？

：海德格尔在后期的文字中对"物"有
多论述。对他而言，物并不是具有多种
性的实体，也不是显现在人的感知之中
东西，更不是质料和形式的结合。物之
以成为物，在于它的有用性。因此，海
格尔定义的"物"，更加接近器具。但是，
的有用性并不直接等同于它的工具性，
是由其工具性所引发的意义的聚集。因
此从"物"的角度来看待建筑，不光要解
它如何遮风避雨等属于工具性范畴的问
，更是为了追寻某种意义。

柳：海德格尔说壶的虚空形式是为了盛水倒水之用，倒水是一种"馈赠"，"馈赠"才是真正的目的，才完成壶作为物的意义。我想海德格尔这样去定义"物"是想暗示他的"天地人神"的存在吧。任何"物"都不是孤立的，这对于建筑确实有着特别的意义，这里面存在一个不同层次的境界问题，你刚说的"意义的聚集"也许就可以理解为我们所说的"境"，这是建筑在解决了遮风避雨之后要做的更高层次的东西。但建筑师具体的设计任务，首先还是造"物"，如何回应先前的"境"是在造物的过程中的一种有目的的行为。我目前感兴趣的，有两条线：一条是"由内而外"，比如造物本身的规律性，比如物体的结构如何在构建自身的同时去适应使用以及周遭环境的需要；另一条线是"由外而内"，也就是如何去理解周遭环境，如何在周遭环境以及社会的背景下去构建意义的内容，再将之渗透到造物的过程中。这是一个需要不断反复的过程。

陈：哲学论述的确有助于我们辨别方向并进行宏观的价值判断。回到设计实践层面，你谈及了造"物"的两条途径，感觉后面一条"由外而内"的途径比较容易操作。对于前面这一条我有个疑问，如果造物的规律性本身并不彰显，无法回应外来的要求，甚至于连"物"自身的确立都无法策动，那建筑师该如何应对。仍然以结构为例展开一下：目前国内绝大多数的多层建筑采用匿名性的框架结构，这种结构形式之所以被广泛运用，我相信是有其合理性的，它能基本满足使用要求并且相对经济，同时施工也较为便利。问题是，这种匿名性的框架结构是否同样可以被认为构建了自身？这样的框架结构形式有其自身的规律性，但这种规律性对建筑师的造物而言，是否也有推动作用？

柳：我相信某种内在规律性的存在，而外来的要求有可能恰恰是揭示内在规律的一面镜子，或者一种触媒，当然这与不同人的思考方式有关，在建筑设计里可能就是一种选择，一种方法，或者也可以说是一种手法。也许用规律性这个词不一定准确，我想我是指的内在性，结构只是诸多内在性的一种，今天重新提出来，首先是认为这里面存在机会，此外也是觉得我们以往的实践在这一方面缺乏有针对性的思考与表达。框架结构如果能够和功用、空间及其场地的诉求产生关系，我想也是一定有机会构建不同建筑的内在性内容的。在我看来，既然建筑是一种建造活动，均依靠结构而站立，那么这一定是一个非常根本性的要素，它究竟有多重要，回顾建筑的历史，虽然有许多许多的讨论，但今天讨论的人明显少了，更多的是关于城市与社会性的讨论。

陈：建筑借助结构来抵抗重力等自然力量并实现自持，结构是建筑学最为本体的内容之一，也是建筑物质性的重要载体，这一点不言而喻。但在设计中关注结构，我想并不止于让它摆脱匿名的状态而成为某种表达性内容。结构或结构构件应该超越其物质层面的功能，比如筱原一男的白之家的那根中心柱，一旦被抽离，房子本身不一定会垮塌，但建筑的灵魂就立刻烟消云散了。

舍西岸工作室

东："匿名"这个词我用来指的是"不在场"，而不是"不具有文化意义"。根据筱原一男对白之家的说明，他选择隐匿屋架而只留下中心柱，目的是对日本传统建筑的空间样式进行抽象。这种排除文化意义的客观主义或者是所谓的"即物主义"姿态是否是筱原的本意，我们可以暂时存而不论。不过有趣的是，屋架的隐匿反而让中心柱的存在更为凸显，这是一种在普遍意义上的凸显，完全超越了具体的文化层面，也许这才是筱原在设计中强调抽象的目的所在。

柳：对于结构的描述你刚刚两次提到"匿名"这个词，我理解可能你是指的"中性化"，也就是说作为令建筑站立的结构本身是一个中性的、并不携带文化意义的，然而因为建筑史的存在，零度意义的要素在建筑中几乎是不存在的。筱原一男的白之家的中柱是他在意欲去除日本传统木构建筑的"中心柱"在空间中的意义时的"即物性"结果，它是在剥离意义的过程中的一种超越，和你说的"摆脱匿名状态的形式呈现"是一个相反的过程。其实无论过程的正反，我对于"即物性"这个概念是极感兴趣的，虽然这也是一种手法主义，但都是围绕建筑物质性的本体进行操作。我想还是回到"由内而外"和"由外而内"这两条线索，因为我忽然想起王骏阳在《理论何为？》这篇文章中提到的两本书，一本是阿尔伯蒂的《建筑十书》，一本是作者不明的奇书《寻爱绮梦》（Hypnerotomachia Poliphili），王骏阳认为这正好代表了建筑学理性思维和感性思维的两个方面。看到这里，我不由想起大舍在日本杂志 *A+U*（0903）中文版的专辑主题——"与情与理"，也是试图涵盖这两个方面吧。从《建筑十书》到维奥莱·勒·迪克的"结构理性主义"，从埃森曼关于形式研究的"学科自主"再到弗兰普顿的《建构文化研究》，都是努力维系建筑学本体的理论，而《寻爱绮梦》则致力于通过脱离这种"本体"来拓展建筑学领域的空间和边界。王骏阳特别提到对于20世纪建筑学尤其是当代建筑学而言，"城市"已经在越来越大的程度上取代"身体"成为拓展建筑学学科边界的有力资源。我想"结构"作为抵抗重力和其他自然力量的建筑要素，它的"显形"，其实是人类身体感知的反映，包括随着建筑史的发展逐渐沉淀的文化内涵，都是和人的"身体"息息相关的，从这一点看，对结构的关心似乎是一种"逆势而为"或者"不思进取"，因为关心当代的城市问题显然是当下政治最正确的事情。不过这也是我一度的困惑，就像有一次我们与年轻的建筑师赵扬对谈时，他忽然说道，建筑学的本体已经不存在了，这确实是令人吃惊的事情。但后来我想，这两者并不矛盾吧，任何一个人，即便不是建筑师，都应该以各自的方式关心城市、关心社会，这些关心投射到建筑设计中，自然会演变为建筑的某种力量，最后选择怎样的表现形式，那是不同建筑师的选择，结构也同样是有机会参与到城市的问题中的。大舍在西岸的新办公室就是以砖墙与轻钢两种结构形式去应对空间、场地甚至城市更新的时间性问题。今年初的浦东美术馆竞赛，我曾尝试用两种不同尺度的结构对应城市的尺度和建筑的尺度，虽然没有赢得竞赛，但这个思路在后面的工作中还是值得一试。

至于建筑设计是从建筑学本体内容出发还是从外延入手，从理论角度讨论时似乎可以泾渭分明，但对实践建筑师而言，只能说是有所侧重而已，就像设计过程中的感性思维和理性思维无法完全截然分离一样。

白之家（筱原一男）

陈：我的立场和你的接近。你刚才提到，"城市"已经在越来越大的程度上取代"身体"成为当代建筑学拓展自身边界的源泉。我觉得正是这种取向使当代建筑和具体的"人"越来越疏离。不管社会如何发展，人的生物历史性都不会泯灭，个体对明亮、晦暗，开敞、幽闭，粗粝、光洁等种种具体环境现象的生理和情感反应，仍然扎根在自古而来的集体无意识的积淀之上。另一方面，人具有自主意识，会不断追问意义，而一个对功能、技术、经济、城市等方面做出很好回应的建筑，并不能保证自身的精神质量。按照尤哈尼·帕拉斯玛的说法，建筑的任务不是美化或者"人性化"我们的日常世界，而是打开我们意识中的第二个维度——那个拥有梦想、图像和回忆的现实。所以在设计实践中，坚持在当下的社会和城市背景之中关注"身体"，关注"人"，我认为仍然是积极的，而且极其有意义。

柳："白之家"是筱原建筑设计的转折之作，如你所言，屋架的隐匿让中心柱的存在凸显，但是在空间处理上的"偏心"又让它卸去了作为中心柱而存在的意义。我想筱原在做这个设计时确实应该还没有想到"即物性"的概念，大多数对它的讨论也都是有关"抽象性"的，但我觉得这个设计为他后来一段时期的设计走向即物主义起了开创性的作用，1974 年建成的"谷川之家"是即物之美的典范。筱原一男的建筑作品我有机会看过一些，还有他的弟子坂本一成的作品，我觉得他们都是那种用建筑的本体语言来抵抗城市和社会影响的建筑师，总觉得在这样的抵抗中，反而生出一种无形的力量，以另一种方式来回应城市或者社会的问题。说到这里，我特别想听听你的想法，在建筑的实践中，你会更倾向于如何来面对当代的状况呢？

柳：所以我们的立场总体而言还是"向后看"的，当然这并不是什么坏事，从另一个角度，"向后看"也是"向前看"的一种方式。不过无论怎样的立场，建筑师的任务，总是要把他的立场以建筑的语言以及形式物化出来，这是最难的。我们早期的作品致力于

龙美术馆西岸馆

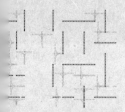

龙美术馆西岸馆结构平面

把对江南这个地域的传统空间的理解，以新的抽象的方式予以呈现，就是这样一种立场的具体表达方式。2009 年在 *A+U* 的那期专辑中，邹晖的《记忆的艺术》一文很好地揭示了我们设计实践中的现象学倾向，他在文中提到的关于中国诗意传统中的"情景交融"以及"与传统的诗 / 德情节不相分割的理"令人印象深刻。他举的有关理性与情感完美呈现的两个来自西方现代建筑的例子，其一是密斯的巴塞罗那德国馆，其二是分析哲学家维特根斯坦的维也纳住宅。密斯的极少主义抽象与维特根斯坦的精细度量表现出极端理性的空间创造，但在他们的设计中，对人性的关注远没有消失，却恰恰通过对细部的仔细推敲而获得发扬。再次回顾我们的作品，细节的推敲与刻画虽然有不少进步，但仍然远远不够。2014 年建成的龙美术馆西岸馆我采用了类似巴塞罗那馆及密斯砖宅的平面构成，但是分散的墙体向上延展后演变为与人的身体更为直接相关的拱形空间覆盖，这些空间单元体因为内在的理性逻辑反过来又制约着墙体的位置，这里面经历了非常多的位置经营与推敲。我觉得你在设计中对折线的处理也是一种"刻画"，从早先的嘉定新城幼儿园到最近的华鑫慧享中心，可以看到你对于"不确定"现象的兴趣和建筑中折线形式处理之间的对应，一定积累了不少心得吧？

陈："向后看"也许改成"向内看"更为准确，不过用什么词并不重要。在当下，"向后看"的确也是"向前看"的一种方式。我一直对场所比较感兴趣，今天研究场所，并不是要向着海德格尔所说的黑森林农家院落回归，更不是要退回到前现代世界中去，而是希望通过创造新的场所经验来回应当代状况。你刚才提到的不确定性，是我近期在这方面所做的尝试。就传统场所来说，如边界、路径、中心等构成要素越确定，场所感就越强。我想试着削弱这种确定性，看看能否获得有别于传统的场所感，比如说营造暧昧的、多义的，甚至是芜杂的场所感，以此回应当下社会对建筑越来越复杂的诉求，也让场所本身能融入快速变迁的城市环境中。

柳：我记得 2009 年你写过一篇《弱秩序》，也是和不确定性有关，今天和那时的认识有什么差异吗？

陈：《弱秩序》可以看作对我们在 2009 年之前实践的一个小结。当时大家在设计中，都致力于用抽象的方式，表达对江南传统建成环境特别是园林的理解。最初的设计基本立足于美学层面，注重感性的情境表达，夏雨幼儿园就是这样一个例子。随着实践深入，大家逐渐开始融入理论性的思考，提出了诸如"离""并置"等不同范畴的关键词。《弱秩序》正是这种思考的结果之一，提倡通过弱化同一整体的元素之间的秩序，进而模糊它们的逻辑关系，以此来营造具有中国传统美学意味的当代环境。弱秩序也能导向某种"不确定性"，不过这是一种元素间关系层面上的"不确定"。而近来我所感兴趣的"不确定性"，指的是场所要素自身状态的不确定，以及由此给设计带来的新可能。比如华鑫慧享中心的围墙，因其自身的悬浮，在它所限定的场所和周遭之间制造了暧昧，消除了两者间的截然对立，而场所本身也从围墙状态的不确定中获得了某种张力。

陈：的确，从场所的角度去讨论建筑，本质上也是将它视作为"物"。不过长久以来，物本身所蕴含的意义在人们把它们当成工具后就逐渐被遮蔽了，这需要我们通过实践去解蔽。今天强调"物"，强调重视建筑学的本体内容，其目的我们刚才已经有很多讨论了，可以借用阿尔多·凡·艾克的一句话作为总结："建筑，不必多做，也不应该少做，它就是要协助人类回家"。

柳：我现在反思我们以前的设计，总体而言对于美学的关注比重比较大。以前大多数项目因为多处于发展中的郊区旷野中，对于既有场所的特质总是难以把握，因为未来的周边难以预料，所以空间场所也都是在一个自足的内部去营造，如果能结合周边环境去营造共同的秩序就会更有力量，华鑫慧享中心就是这样，在那样逼仄的环境里，张力就出来了。我想构建新的场所经验应该是一个好建筑师必须完成的任务，这里既可以有现象学的方法，也可以有来自人类学视野，或者非常个人化的手法，相信未来的道路会越来越宽广。

陈：离 2016 年 UED 杂志大舍专辑《即物即境》出版不觉又是五年。这五年里，大舍完成了沿黄浦江展开的一系列前工业场址的改造，这也让我们从大都市基础设施这个重要的层面，切入对上海性的思考。如果大舍在青浦和嘉定的实践是代表着立足于郊区新城的设计对策，那么黄浦江沿岸的实践就是一种城市更新对策了。从 2001 年开始至今，大舍两个十年的实践恰好和中国这两个时期的城市建设发展重点紧密同步。

柳：这也是为什么 2020 年我们为即将在英国 RIBA 总部的大舍个展命名为《一种敏感的都市性》，20 年来，大舍在上海本地的实践的确表达了大舍对于上海这座城市的独特理解。但是除了上海的项目，有几个外地的项目也特别的重要，比如新场乡壹基金幼儿园、云阳游客服务中心、台州当代美术馆和琴台美术馆，它们都以不同的方式与在地的风景产生了对话。

陈：你提到的敏感性的确非常重要。回看大舍的实践，我们始终在努力摆脱标签化或风格化的形式操作，更多地致力于挖掘场地潜力，叩问建筑的本质问题。在关于黄浦江边工业建筑改造项目的诸多设计自述中，我注意到"废墟"一词出现的频率越来越高。就我的理解，在浪漫主义运动时期的英国，废墟尤其受到关注，对废墟的欣赏和欧洲 18 世纪"如画"美学观念的兴起是密不可分的。巫鸿认为欧洲古典和中世纪的建筑多用砖石构筑，所以它们的废墟化就具备了一种特殊的纪念性，而中国传统建筑以木构为主，废墟往往只剩台基，因此中国古代的废墟概念实质是一种乌无。今天我们再提废墟，应该将其置于当代背景下讨论才会有意义。

老白渡煤炭码头的废墟

东：你刚才以废墟为地形的提法很有意思。在改造项目中，将被改造的建筑视为一种地形，首先就表明了一种态度，这是你重是"因借体宜"的基础吗？尽管"巧于因借，精在体宜"是计成关于造园的精辟见解，但我认为这两条是放之四海皆准的基本设计准则和首要设计目标，似乎看不出它们与改造项目的特殊关联。

柳：是的。黄浦江边的工业旧址作为上海不长的城市历史中得以保留的废墟具有重要意义。这多少也是钢筋混凝土成为主要的建筑材料以来，因为人类生产方式以及城市空间的更迭所产生的现代废墟。这些工业废墟一方面是上海这座城市自身发展的重要年代记忆，更重要的，我是觉得在工业生产功能丧失之后，它们在城市中存在的意义对于我们如何理解建筑意义重大。罗西认为一栋被遗弃的建筑物的物质遗存，处在废墟状态的此类建筑物可以讲述自身。这和五年前我们讨论的"物自体"密切相关。江边的这些工业建筑在设备拆除后，很多能拆的外墙、外窗也都被拆除，留下难以拆除的、足以令其不会倒塌的混凝土骨架，其中的内涵，的确就像坂本一成所说的"架构"，就是某种中性化的结构，这里面暗含了功能与场地地形，但是这些又都像是某种隐性的东西，日晒雨淋之后，真的成为"如画"的废墟。在这个人为的和自然的双重作用下，这些废墟成为新的"地形"，这个"地形"中所包含的内在意义，在被重新打开后，我想就是它的当代性吧。

柳：2019年关于黄浦江边的几个工业场址改造我写过一篇《重新理解"因借体宜"》的文章发表在《建筑学报》上，其实也是有针对性的。是想看看这些因为纯粹的功能性而建造的并无传统建造意义的建筑或物体，如果叠加上一种文化习性，会呈现怎样的建筑"形式"。首先我还是把"因借体宜"当作是相对传统的建造文化的习性，尽管类似的建造思想在西方社会也一定存在。我想我可能还无法从文化上去深入区分太多的中西差别，但是"因""借""体""宜"这四个汉字本身所包含的中国古代的实用哲学是毫无疑问的。"因借"为"势"，"体宜"为"德"。我想我们的确可以超越计成围于一个围墙内的"体宜因借"，而进入更大的城市与社会范围。关注并挖掘场地潜力是"因借体宜"的基础，这个潜力，也就是"势"，错过了，因借也就无从谈起。艺仓美术馆项目中将运煤构架改造为高架观景步道和江边公共服务设施是比较有意识的一次尝试，就是把已经丧失力学功能的结构排架再度让它们承担起力学的功能，原本直接可以坐立在地上的单层咖啡馆和商店，偏偏让它们通过一个新加的钢结构的张悬梁吊装在混凝土排架的梁上，既有的结构又重新发挥了功效。边园则在原有的一墙内外，并没有四面围合，而是通过一个长条的空间，营造了一种园林的美学氛围，而且这个园林是完全开放的、公共的，一旦你进入，你还是能沉浸其中，听到在别处听不到的鸟鸣以及江水声。在这些江边的改造项目完成后，对于公共性我也有了些新认识。

陈：说到公共性，这的确是大舍第二个十年的设计实践中的一条重要线索。之前的项目基本位于郊区新城，周边多为规划建设用地，无法给建筑师提供任何参照，因此我们的设计往往强调自我完善，于是建筑本身便或多或少地带有某种内向性。我想这种内向性只是对周边不明状况的回应，而不是我们实践的根本立足点。回到刚才讨论的那些改造项目，对上海来说，黄浦江正逐步由城市基础设施转变成一种景观性的存在，江边的生产性空间也快速迭代为公共活动空间，因此公共性自然成为江边改造项目的基本目标，建筑师要做的就是予以恰如其分的表达。

台州当代美术馆

陈：从普通之物中发现价值并将其呈现，这是建筑师应该具备的一种能力。反过来说，设计如有足够的品质，即便施工粗放，作品受到的伤害也不会太大，台州当代美术馆就是这样一个例子。粗野的混凝土浇捣甚至让美术馆带有某种废墟感，但建筑内部空间有光线、有风景，哪怕没有展览，仍然有足够的吸引力，这让建筑处于一种很特别的状态。可见空间品质并不等阶于建造质量。

柳：是的。在这些项目中，我也发现，作为一种历史建筑的保护，工业历史建筑和城市核心风貌区的那些历史保护建筑有着很不一样的地方。工业建筑有着更大的改造余地，而且它允许我们保留住很多很普通的构筑，比如边园的那堵混凝土的长墙，还有那些缝隙里的被分解了的长墙的块状混凝土废墟。我认为这些普通之物的保留，似乎正透露着一种公共性的本质，就是对普通的价值的尊重。

新场乡中心幼儿园

柳：空间的质量关键还是氛围的质量，氛围是一种由内而外的整体性塑造，它和更多的画面之外的因素有关。雅安新场乡幼儿园就是这样，虽然幼儿园的砖墙砌筑得非常好，但是最终起作用的还是由一个个班级单元所围合的中心庭院，庭院的地面和周边的墙面都是砖墙，这一单纯的空间背景让远山进入了它的内部，这就像路易斯·康的萨尔克生物研究所的中心庭院，差别是它并没有那么强烈的纪念性，而是更为沉静和内敛。顺应着地形向下的同时也向着远处延展的庭院，将不远处的山村也带入进来，让它成为村落与家园的一部分。而相对轻盈又轻松的片段的回廊，也调节了庭院的尺度并应和了地形。

———

陈：中心庭院的确是新场乡幼儿园的灵魂所在，它给孩子们带来家一般的归属感和稳定感，正如巴什拉在《空间的诗学》中把"中心"视为家的原始性庇护力量的象征那样。对于毗邻的村庄来说，新场乡幼儿园作为附近唯一的公共建筑，还有某种社区中心的功能。因此建筑的中心庭院并不封闭，而是朝向远处的山口和附近的村庄打开，和周边环境建构起对话关系，也让身处其中的孩子以及村民始终能感知到远方的存在。

云阳游客服务中心

———

陈：的确，除了协调建筑、自然和人三者间的关系，我在设计过程中不断调和云阳游客服务中心的超常尺度和日常尺度的矛盾，尝试在一个基本尺度超常的建筑中表达近人尺度。建筑混凝土墙面上的小模板肌理和间距为1m的水平分缝，以及刻意压低的门洞与外挑阳台等动作，都是为了提示近人尺度。这两种尺度的共存，是塑造建筑公共性的重要手段。我想琴台美术馆应该也是如此，建筑处于湖边，面对自然起伏的山丘，采用山丘般的地形策略是很容易理解并被接受的。建筑的曲面屋顶被几何地分解为阶梯状，外加漂浮其上的纤细轻盈的栈道，美术馆外部空间的公共性得以呈现，同时这也是以一种近似当代

柳：我想正是建筑和自然的关系折射了一种新的公共性，这对我们未来的工作非常重要。回顾我们早期在青浦和嘉定的幼儿园中的那种内向性，如果说我们依然关注风景，现在已不是我们早期刻意借助于园林所理解的那种风景了。云阳游客服务中心就是这样，它创造了一个长江边上的公共空间，一个巨型的三角形，有顶盖的广场，也可以说是个巨大的亭子。三角形的空间一面对着长江上游，一面对着下游，面对上游的顶盖边是一条外凸的弧线，面对下游的顶盖边则是一条直线，建筑插入地形，就像抛了锚的巨轮，挤压着江滩的等高线，建筑本身就好像正在抵抗河水的冲击，朝着下游微微甩着头。我觉得这种建筑与风景之间强有力的咬合关系，形成了一种共有的风景，构成了一种生动的公共性。

艺术的方式，对自然山路进行的摹拟或隐喻。可惜埃里亚松在建筑屋面上的"8 种颜色的小径"的灯光装置未能实现，不然还能塑造一种时间性。

琴台美术馆

陈：韩炳哲揭示了当下人类生存状态的急剧改变：定义栖居环境的物正迅速从人的生活中隐退，取而代之的是信息，也就是他所谓的"非物"。相比具有某种未知性并作为主体的他者的稳定的实存之物，"非物"对人完全敞开，但又流变不定且转瞬即逝。韩炳哲认为非物消解了世界的实体性，进而危及人类的生存质量，所以对此语多批评。但从另一角度理解，非物的涌现或许意味着一种新的物感的产生，建筑师对此应该保持敏锐。我想我们之前感兴趣的"不确定""弱秩序"，正是对当代社会状况变迁的一种回应，也表明了我们对此的立场和态度。

柳：是的。虽然我曾幻想过每当黄昏和夜色降临，小径上的各色的灯光亮起，人们从四口八方涌上屋顶，慢慢地，"琴台美术馆的黄昏"，也就会变成一种风景的代名词。我期待来还有机会实现它。最近邹晖又写了一篇有关大舍近期作品的文章，名为《相遇在建筑的巧合》，有意思的是"巧合"二字与"因借体宜"的关系，"巧于因借，精在体宜"。不是讲"巧"与"合"吗？当然仅仅这么理解未免限制了"巧合"概念的意义，邹晖所言的"巧合"是从更为普遍的建筑的源头及其后现代的哲学含义展开的，我想以后我们可以细讨论。不过他说龙美术馆西岸馆、杨浦边园和金山岭上院，都可以称为"边园"，颇有深意，我在想，台州、雅安、云阳、琴台的这四个建筑，也都是"边园"吧。这里面包含着一种共同的情感，关于"即物即境"也就有了更为独特的内涵，这一点意义重大。

说回"即物即境"，关于"物"，在这个数字信息技术已经深刻影响我们日常生活的时代，虚拟的物质性正日益取代以往的那种具体的物质性，德国哲学家韩炳哲最近的一系列著作都在描述一个"非物（Undinge）"的社会，他认为物的时代已经结束了。他的"平滑（da Latte）"美学的确也已经成为当代建筑的一个突出现象。作为建筑师的我们，是一定要做好面对这一扑面而来的变化的准备的。不过我也并不认为类似对苹果手机这种平滑手感的喜爱是危险的，危险的是这种对于表面的喜爱可能造成对于内在的忽略。其实琴台美术馆的外部空间和内部空间的差异性并置，也是想通过内部平直的约束，去平衡一下外部曲面的平滑。

柳：是的，艺术创作总是会被要求表明一种态度，建筑也是一样。我想"即物即境"中的"即"字，或许正是我们的态度，"即"是"接近"，我们能做的仍是可以从追问本质和思辨开始。

>> 文+图 Text+Drawing P 099   >> 照片 Photo P 107

>> 文+图 Text+Drawing P 117　　>> 照片 Photo P 121

南京吉山软件园研发办公庭院　　　R&D Centre of Jishan Software Park in Nanjing

>> 文+图 Text+Drawing P 127　　>> 照片 Photo P 131

嘉定新城幼儿园   **Kindergarten of Jiading New Town**

浦青少年活动中心　　　　Youth Centre of Qingpu

旋艺廊 I   Spiral Gallery I

海国际汽车城研发港　　　R&D Centre of Shanghai International Automobile City in Jiading

>> 文+图 Text+Drawing P 175　　　>> 照片 Photo P 179

海嘉定桃李园学校　　Tao Li Yuan School in Jiading

龙美术馆西岸馆　　　　　　　　Long Museum West Bund

上海徐汇中学（华发路南校区）　　Shanghai Xuhui High School (Huafa Road Campus)

华鑫慧享中心   Huaxin Conference Hub

>> 文+图 Text+Drawing P 243   >> 照片 Photo P 247

西岸艺术中心　　　　　　　West Bund Art Centre

基金新场乡中心幼儿园　　　　One Foundation Kindergarten of Xinchang County in Ya' an, Sichuan

六舍西岸工作室   **Atelier Deshaus Office on West Bund**

云阳滨江绿道游客服务中心　　　Yunyang Tourist Service Centre in Chongqing

>> 文+图 Text+Drawing P 295　　　>> 照片 Photo P 299

草亭   **Blossom Pavilion**

台州当代美术馆　　　　　　　Taizhou Contemporary Art Museum

上海艺仓美术馆
上海艺仓美术馆滨江长廊

Modern Art Museum Shanghai, Riverside Walkway of Modern Art Museum Shanghai

例园茶室   Tea House in Li Garden

>> 文+图 Text+Drawing P 355   >> 照片 Photo P 359

上海民生码头八万吨筒仓艺术中心　　80,000-ton Silos Art Centre

琴台美术馆   Qintai Art Museum

后舍   House ATO

力园   **Riverside Passage**

项目地点：江苏省昆山市淀山湖镇

建筑面积：460m^2

设计时间：2001.05-2001.07

竣工时间：2002.03

摄 影 师：张嗣烨、苏圣亮

三联宅
Tri-house

在毗邻淀山湖的一片别墅区内，建筑师为三位朋友设计建造了一栋有别于周边其他尖顶式样的房屋，供他们有时在此居住或工作。两层的小楼分别由四段横墙和四道纵墙限定出首层公用的厨房餐厅、客厅、工作室和二层的三个独立居住单元，开放的底层的四段横墙对应的都是被划分开的有限视野，而看似有限的二层四道纵墙，限定出的都是看得见湖景的开放视野。纵横墙体的空间构成和江南民居的进落布局类似，但是由于纵墙被抬升至二层而解除了进落空间的内向性。

首层北侧是餐厅、开放的厨房和一间卫生间兼洗衣房，南侧是通长的客厅与工作室，中间夹着一个长向的院子。院子是横墙和纵墙交错时自然形成的，它们在一层是连通的，在二层则形成了分开的三个天井，所以它也可以被视作是一个有着三个向上开口和两个侧面开口的院子，其中东向侧面开口是建筑的主入口，西向侧面的开口是次入口。院子在靠客厅与工作室一侧整齐地种满了竹子，竹子在天井中伸向高处。客厅比院子要低几级台阶，这既让客厅有一种下沉的感觉，也提高了客厅的层高。

建筑放弃了类似周边房屋的多数人喜爱的坡顶别墅形式，但外墙材料还是采用了相同的片石和白色涂料。片石是贴上去而不是砌筑的，这和周边房子的做法一样；在片石贴面墙的端头可以清楚地看出这种"粘贴"的表面特征。

建筑一层包括楼梯踏面均采用了传统江南民居厅堂里常用的方形灰砖，这种灰砖同时也被作为一种面层材料运用到了一些简单家具上。二层卧室的地面铺的是竹地板，而卫生间的地面和墙面则仍然采用了温暖且富于触感的灰砖材料。

对三个朋友而言，他们共享着首层的工作室与客厅、餐厅和厨房，二层的居住空间由三个在大厅中一次排开的直跑楼梯分别进入。他们设想了一种理想的周末或自由弹性的工作与生活模式，这种设想直到15年后因为互联网的发展和民宿这一新兴的空间模式的兴起才真正成为一种可能。

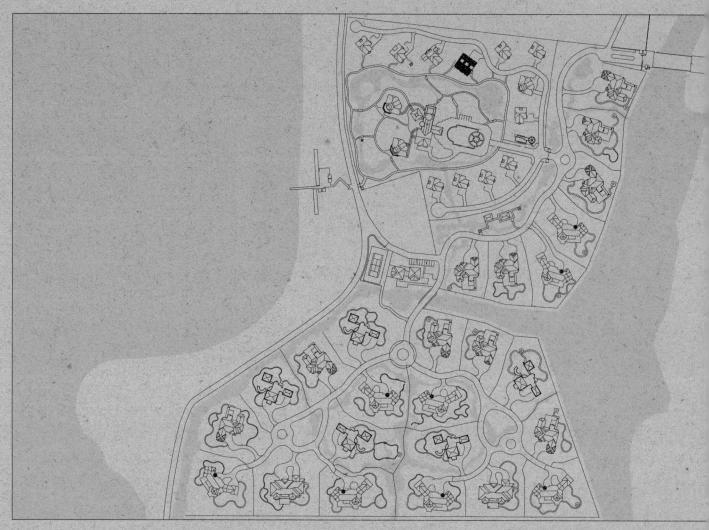

总平面

0 5 25 50m

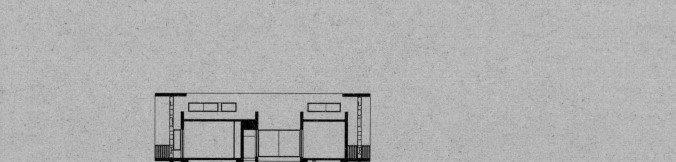

剖面图

0 1 2 5m

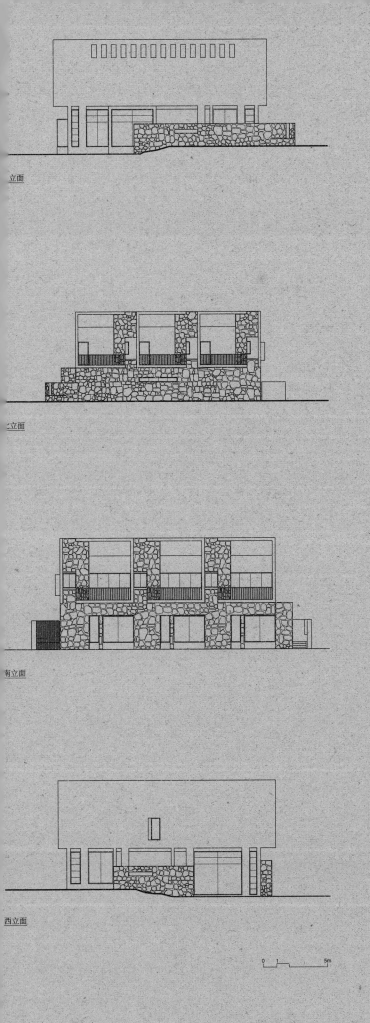

立面

立面

南立面

西立面

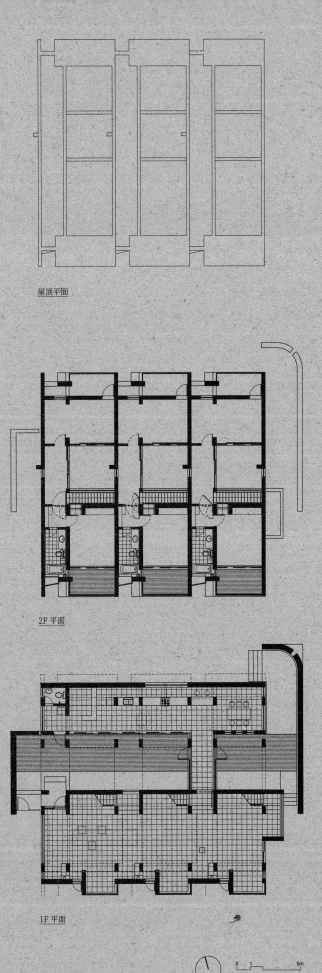

屋顶平面

2F 平面

1F 平面

0 1   5m

0 1   5m

模型

001-2002

三联宅
Tri-house

西立面

门厅

东莞理工学院电子系馆与文科楼

School of Electrical Engineering & Intelligentization
College of Literature & Media, Dongguan University of Technology

项目地点：广东省东莞市松山湖新城

建筑面积：30010m^2

设计时间：2002.07-2003.01

竣工时间：2004.08

摄 影 师：张嗣烨

东莞理工学院是一座全新建造的校园，基地坐落在东莞松山湖新城里绵延起伏的丘陵地带，山丘上长满了荔枝树，山坳则是天然的水塘。理工学院的电子系馆和文科楼选址在一个高约20m的山丘周围，为避免巨大的建筑体量将地形吞噬，山丘朝向东北侧水面一边被敞开，以保证至少有一侧还能看到原来持续的地形。电子系馆呈直线形体量布置在山丘的东南侧，文科楼则以一个正方形的架空方院形态布置在山丘的西北侧。在山丘的西南侧是计算机系馆，和理工学院的综合教学楼隔山坳平行相对。

电子系馆和文科楼均希望以非常理性的方式塑造相应的校园空间气氛，而因为规模和位置的不同，其与地形的结合关系也有所不同。

因为无法避免的巨大体量，电子系馆采用了明确的水平线形体量沿着山丘的长边平行于等高线布置，与自然起伏的山体并置，以强化着相互之间的共同存在。数条拾坡而上的垂直穿越水平体量的通道与楼梯再现了沿原本地形方向上山的经验，而当人们在楼内沿走廊水平行进时，间隔出现的穿透空间将另一侧的景色带入眼帘，北侧山丘上的绿色沿着穿透空间两侧的U型玻璃表面渗入，建筑以此建立了和地形的特殊关系。

电子系馆的主要空间均采用了单向的密肋梁结构，密肋梁的方向因循受力的合理性而在空间中呈现不同的方向，于是在走廊、教室、实验室等不同大小和跨度的空间内均展现出不同的节奏感，从而成为各空间自身的重要属性。

文科楼首层的建筑被半插入山体，建筑的部分体量由此成为地形的一部分，因为地势的原因，首层建筑仍有两面是开敞的，并面对很好的池塘景观，其他部分则通过一个L形的内院采光。首层屋顶在起伏的地形中形成了一块开放的平台广场，上部建筑则呈正方形围合并架空在平台层上，这样内院、围廊、平台共同形成了一处具有中心感的公共开放空间。在人流的主要行进方向，建筑的体量被明显化解，有效地减轻了建筑对于环境的压力，当视线穿越架空层而停留在后面或远处隆起的山坡上时，人们大致可以想象或回忆起这处地形原本的模样。

校园总平面

0 10 25   50   100m

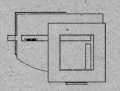

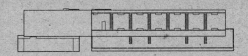

屋顶平面

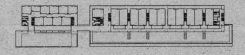

3F 平面

4F 平面

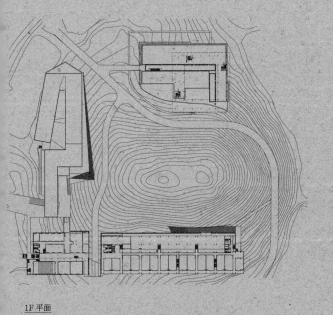

1F 平面

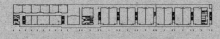

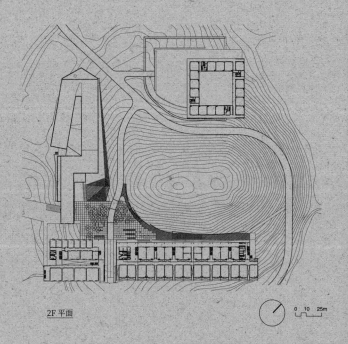

2F 平面

0 10 25m

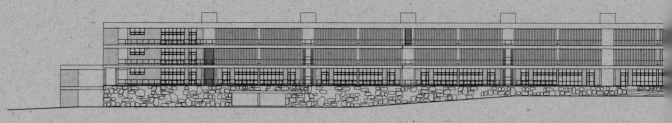

电子系馆 北立面

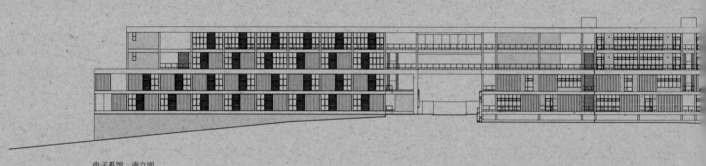

电子系馆 南立面

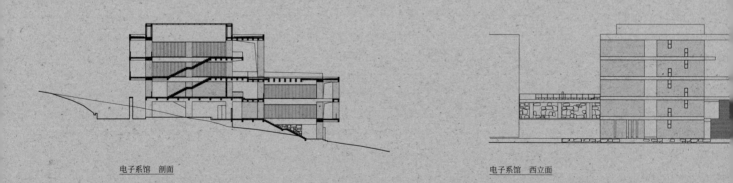

电子系馆 剖面

电子系馆 西立面

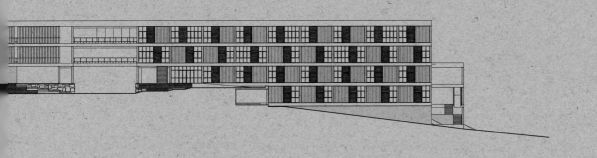

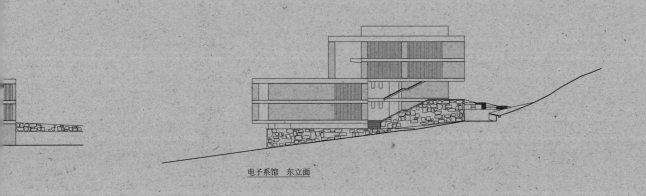

电子系馆　东立面

0　5　10　　　　25m

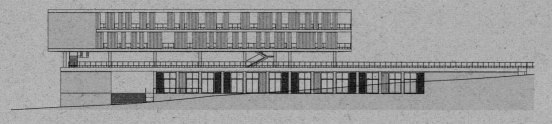

文科楼　西立面

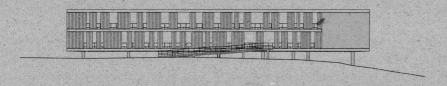

文科楼　东立面

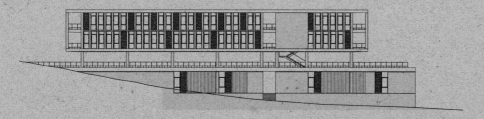

文科楼　北立面

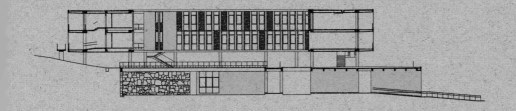

文科楼　剖面图

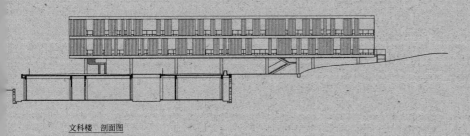

文科楼　剖面图

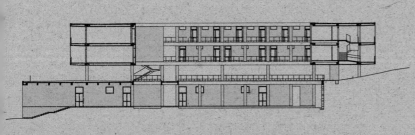

文科楼　剖面图

0　　5　　10　　　　　　　　25m

模型

东莞理工学院电子系馆与文科楼

School of Electrical Engineering & Intelligentization

College of Literature & Media, Dongguan University of Technology

东莞理工学院电子系馆与文科楼

School of Electrical Engineering & Intelligentization

电子系馆外观

电子系馆三层外廊东望　　　　　　　　　电子系馆架空空间

电子系馆西段中庭内景

电子系馆走廊内景

文科楼二层内院

夏雨幼儿园
Xiayu Kindergarten

项目地点：上海市青浦新城华乐路 301 号
建筑面积：6328m²
设计时间：2003.08-2004.04
竣工时间：2005.01
摄 影 师：张嗣烨

夏雨幼儿园的基地位于青浦新城区的边缘。从大的地域特征来看，青浦是上海周边几个卫星城镇中仍然保留着一些江南水乡民居的区县之一，但青浦新城区完全是在一片农田中建设起来的，与青浦老城区有着相当的距离，因此幼儿园所在的局部区域已经丝毫感觉不到地方建筑所能给予的影响。基地周边一片空旷，连传统意义上的城市感受也不存在，倒是基地东侧的高架道路及西侧的河流对设计产生了决定性的影响。高架道路是潜在的废气和噪声源，但也提供了以不同的视高和在不同速度的运动中来观察建筑的可能。河流是良好的景观资源，但也须考虑儿童的安全防护及建筑在水边的姿态。

幼儿园总共有 15 个班级，每个班都要求有自己独立的活动室、餐厅、卧室和室外活动场地。这 15 个班级的教室群和教师办公室及专用教室部分被分为两大曲线围合的组团，分别围以一实一虚的不同介质，班级教室部分的曲线体是落地的实体涂料围墙，办公室和专用教室部分是有意抬高并周边出挑的 U 型玻璃围墙。

在班级单元的设计上，活动室因为需要和户外活动院落相连而全部设于首层，卧室则被覆以鲜亮的色彩置于二层，卧室间相互独立并在结构上令其楼面和首层的屋面相脱离，强调其漂浮感和不定性，这种不定性以及恰当尺度的相互分离导致一种看似随意的集聚状态。每三个班级的卧室以架空的木栈道相连，建立了二层的外部空间及其联系。当高大的乔木植入各个院落，延展的树冠和彩色的盒体构成了新的空间密度关系，而最终的建筑形象也因这些树木而生机勃勃。

建筑的首层和二层呈现了不同密度的空间，首层内向的庭院和二层离散的外部空间构成了一种空间封闭与开放的平衡。

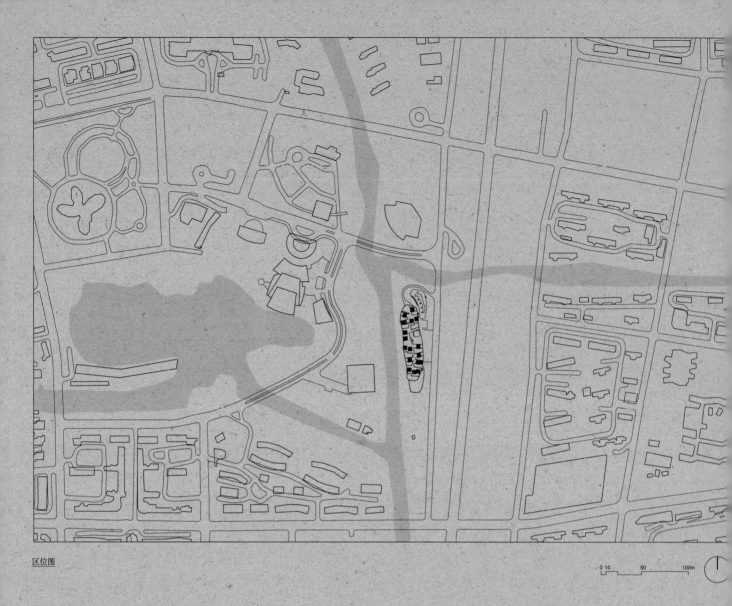

区位图

0 10   50   100m

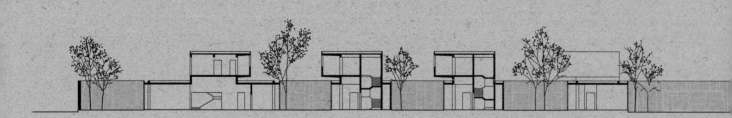

剖面图 1-1

118

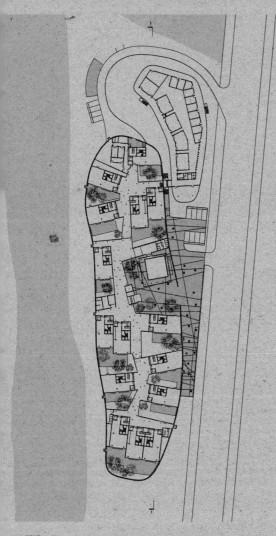

<u>1F 平面</u>

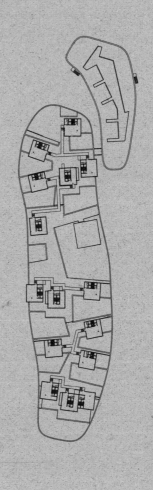

<u>2F 平面</u>

0 2 10   20m

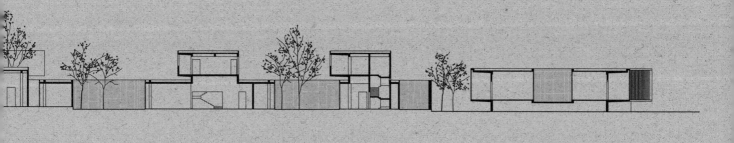

0 2   10   20m

119

模型

夏雨幼儿园
Xiayu Kindergarten

沿河西立面

西侧入口视角

No.04

2006-2008

南京吉山软件园研发办公庭院

R&D Centre of Jishan Software Park in Nanjing

项目地点：江苏省南京市江宁区吉山软件园

建筑面积：12000m²

设计时间：2006.05-2006.12

竣工时间：2008.07

摄 影 师：舒赫

软件园位于南京市江宁区一片风光秀丽的丘陵中，开发目的是为 IT 企业提供有别于都市的郊外办公场所。建筑通过院墙在自然起伏的基地中围合出一个内向的庭院空间，墙内多个小院与办公空间在首层相互交织，二三层的办公空间则被进一步分解，各自倚靠在周边的院墙上，以减少对首层庭院的压迫感，小院内设有柱廊以调节尺度和建立室内外空间的过渡。

地块内的各个庭院建筑结合地形起伏布局，形成一个有机的聚落。院墙在限定建筑内部空间的同时又成为建筑之间外部空间的边界。建筑的院墙采用白色涂料，而二三层体量的其他几个立面则被木质遮阳构件所包裹。首层院落的内向性和二层空间开放性的叠加构成了建筑的“型”。

区位图

0 10　　　50　　　100m

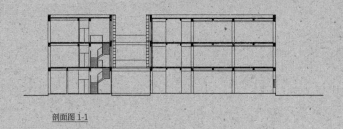

剖面图 1-1

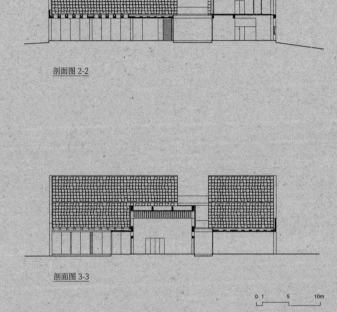

剖面图 2-2

剖面图 3-3

0 1   5   10m

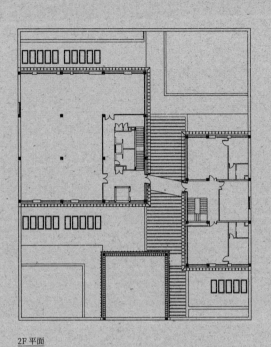

2F 平面

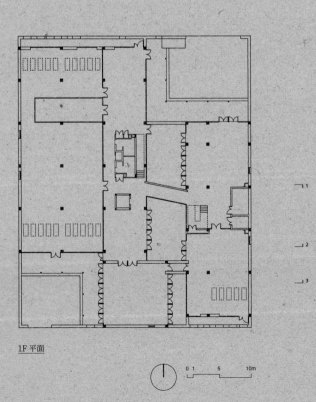

1F 平面

0 1   5   10m

模型

南京吉山软件园研发办公庭院
R&D Centre of Jishan Software Park in Nanjing

项目地点：上海市嘉定区洪德路 933 号

建筑面积：6600m^2

设计时间：2008.04-2008.12

竣工时间：2010.03

摄 影 师：舒赫

嘉定新城幼儿园

Kindergarten of Jiading New Town

嘉定新城幼儿园位于上海北部郊区的一片旷野之中，和我们其他习惯于尝试分散体量的设计策略不同，这次是选择了将完整且有力的体量矗立于空旷的环境中，这是因为从既有规整的城市规划路网布局中，可以预见与未来相邻地块建筑的关系。

建筑由两个大的体量南北并置而成，北侧这个体量是主要的交通空间——一个充满了连接不同高差的坡道的中庭，南侧这个体量则是主要的功能教学用房，总共有 15 个班级的活动室和卧室，还有一些合班使用的大教室。

以坡道为主要交通联系的中庭提供了超越日常经验的空间。这是一个令人兴奋的、有趣的、有活力的空间，是每个儿童每天在进入这幢建筑之后，再分别到各自教室去的必经之路，这是一个被刻意"放大"了的"楼梯间"，有着如传统园林里假山一般的空间体验。中庭空间内的高差变化最终被外化到建筑的南立面上。这种在平面标高上的错动令这座建筑充满动感，在高差发生变化的位置还有意设置了一些向内凹的户外活动空间，这一方面强化了高差变化在立面上的可见性，另一方面也令传统意义上的沿水平方向展开的庭院组织模式转化为沿高度方向展开，"庭院"及其幼儿的活动由此成为建筑立面的一部分。

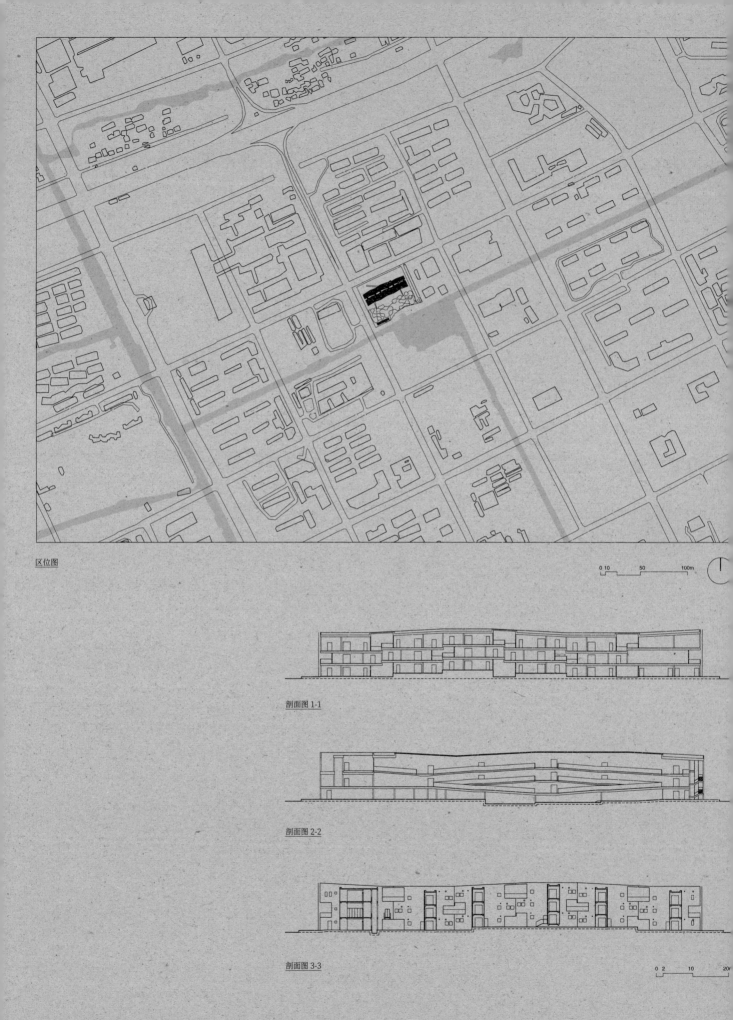

区位图

0 10 50 100m

剖面图 1-1

剖面图 2-2

剖面图 3-3

0 2 10 20m

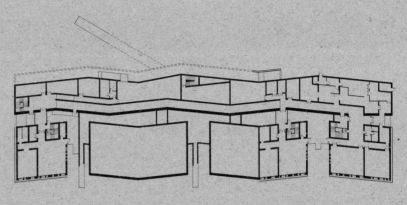

2F 平面

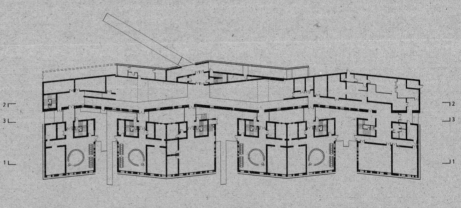

1F 平面

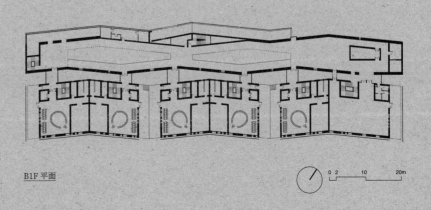

B1F 平面

0 2   10   20m

模型

嘉定新城幼儿园
Kindergarten of Jiading New Town

南立面

立面局部

青浦青少年活动中心
Youth Centre of Qingpu

项目地点：上海市青浦区华科路 268 号
建筑面积：6612m^2
设计时间：2009.07-2010.01
竣工时间：2012.02
摄 影 师：姚力

青浦青少年活动中心位于青浦的东部新城，青浦新城相对老城而言，因为交通模式的变化和人口的增长，尺度变大了，道路通直，建筑退让道路以及用地红线的距离因为统一而机械的规划控制呈现出单调与疏离。

在青浦新城的主要道路上，传统江南城镇的人性化小尺度空间已基本丧失，但一旦进入次一等级的公共空间，与江南相关的一些场地记忆仍然可以见到，如临近的北菁园园林、行政学院南侧的小河、沿华青路的小河，还有尚未被拆迁的夏阳村及其鱼塘等，这提示我们在大尺度的城市压力下，仍然有构建人性化小尺度公共空间的可能。

青浦青少年活动中心建筑根据具体的使用特点将不同的功能空间分解开来，化为相对小尺度的个体，再通过庭院、广场、街巷等外部空间将其组织在一起，从而成为一个建筑群落的聚合体。青少年在其间的活动——不同功能空间之间的联系和无目的的游荡以及随机的发现——就像在一座小城市里的活动，这也是我们对郊区城市化过程中日益放大的城市尺度所做出的回应，我们希望在已经被放大了的城市建筑尺度的前提下，仍能创建一个内在的人性化的小尺度公共空间，重塑传统城镇的尺度记忆。符合人性尺度的、有趣的外部空间对应着青少年的性格活动特点。

一个建筑，也可以是一个小城市。

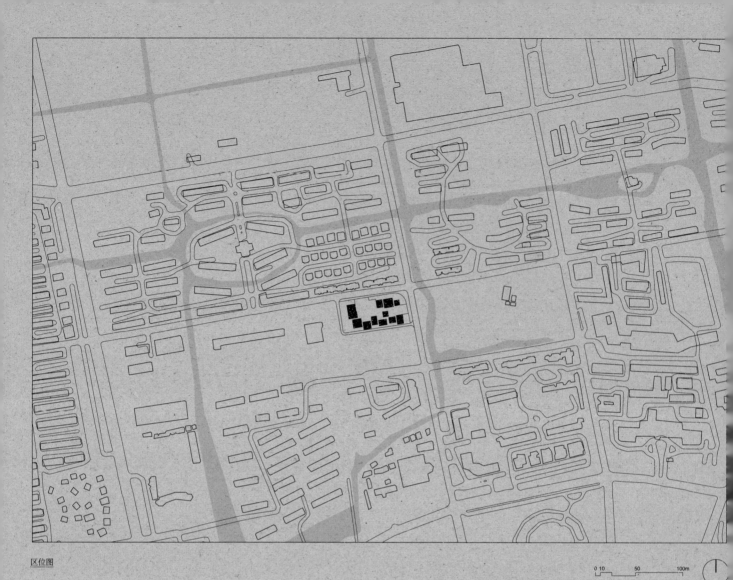

区位图

0 10　　50　　100m

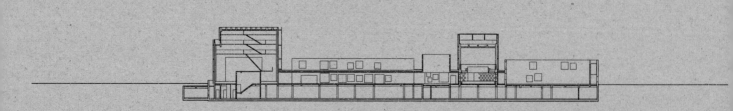

剖面图 1-1

0 2　10　20m

152

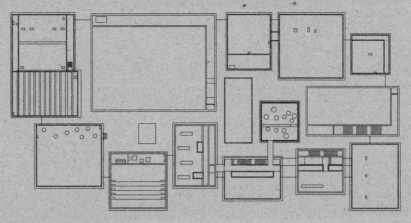

3F 平面

2F 平面

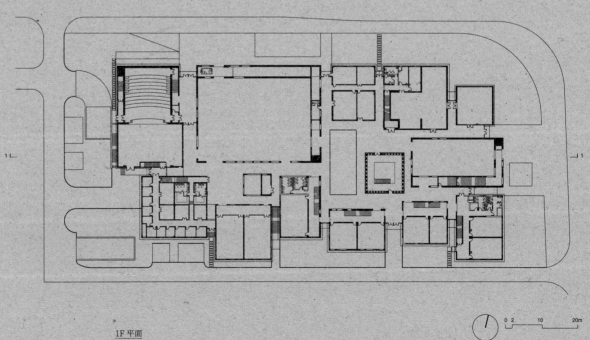

1F 平面

0 2   10   20m

模型

青浦青少年活动中心
Youth Centre of Qingpu

水庭院

项目地点：上海市嘉定区天祝路紫气东来公园
建筑面积：250m²
设计时间：2009.09-2010.02
竣工时间：2011.06
摄 影 师：舒赫、姚力、柳亦春

螺旋艺廊 I

Spiral Gallery I

基地位于上海的郊区，设计初始，周边近于荒芜，不远处几栋高层建筑正在施工，周边道路也在施工，是嘉定新城中心公园内的配套小建筑。建筑在未来是会处于一片树林之中的，虽然现在还是荒地，在建筑建成时就会有很多大树移植到它的周围。在当下的中国，建筑和环境，都是一个同步再造的过程。

建筑的设计是关于建筑和环境的整体想象。一个圆润的完形被一道螺旋形的进入路线侵入，空间在逐渐向内卷入的过程中，由逼仄变成开放，再变得私密，最终通过核心的内院空间进入室内。同时被扰动的室内空间也由开放变得私密，皆汇聚于内庭院。平面上，实际是由两条螺旋线向内卷入，由于相互的游移，在内外的螺旋线之间产生了宽窄不一的连续空间，也由此完成了几处可能的空间限定。设想中的服务空间则被布置到卷至核心的封闭螺旋线墙体之间，如卫生间、厨房、储藏室、可能的小卧室或办公室等，外部的螺旋空间则被解放出来，给未来的功能留下了多变的可能。如此两道螺旋的线也产生了两个反向螺旋空间的咬合，这两个螺旋空间一个在建筑的内部，一个实际则在建筑的外部，也就是屋顶，于是形成了一个完整连续的空间，终点又回到了起点。

螺旋图示的介入是先入为主的，它既建立了空间骨骼，也产生了一种从风景中进入建筑的方式。你可以直接进入室内的环形空间，也可以先上到稍高处的屋面，再转入内部核心的小庭院，在看风景的视点、视角和视高不断发生变化的过程中进入建筑。在这个开放与封闭的旷奥交替以及被有意拉长了的路径中，周遭的风景成为建筑的一部分，这是一种被抽象了的园林的方式。

在这里，看风景，也就是进入建筑的方式。建筑也因风景而存在。

165

区位图

0 10　　50　　100m

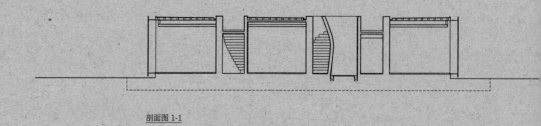

剖面图 1-1

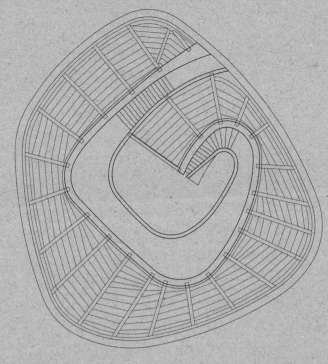

木地板铺装平面

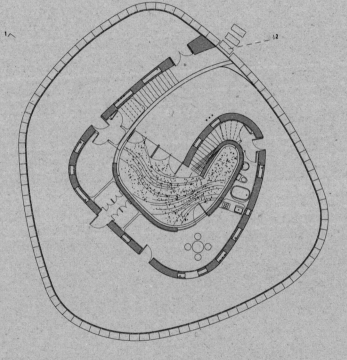

12

1F 平面

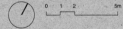

0 1 2   5m

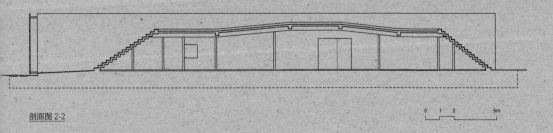

剖面图 2-2

0 1 2   5m

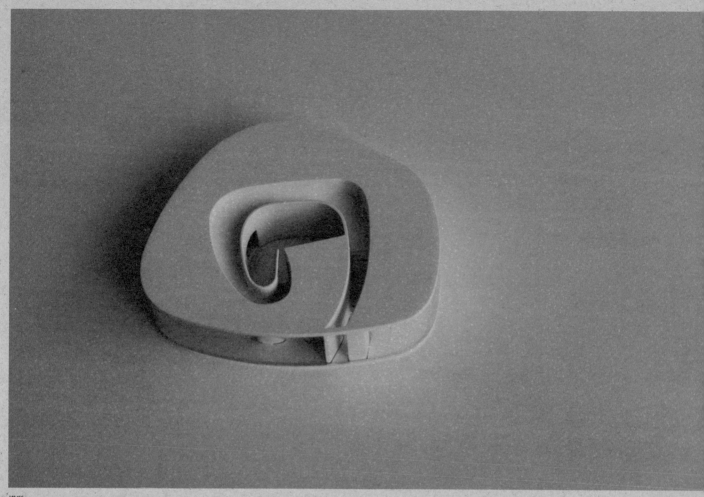

模型

螺旋艺廊 I
Spiral Gallery I

夜景

上海国际汽车城研发港

R&D Centre of Shanghai International Automobile City in Jiading

项目地点：上海市嘉定区安虹路、安拓路
建筑面积：36600m²
设计时间：2010.01-2012.12
竣工时间：2015.06
摄 影 师：苏圣亮

建筑基地位于上海西北郊区的安亭新镇内，是一个以汽车研发为主要功能的开发项目，总建筑面积逾 15 万 m²。项目共分成 5 个地块，这是其中 D 地块的建筑组团。

项目的规划设计规定了各地块的总体布局以及单体建筑的平面轮廓与层数。但建筑单体的设计要求却非常笼统，仅把功能粗略地分为试制车间和研发用房，并无更详细的房间配置或使用要求。基地所在的区域像中国的大部分郊区新城一样，周边环境一直处于变动之中，呈现一种难以名状的疏离感。

为了在这种疏离感中带来归属感，设计的基本策略是把单体建筑都定义成包含多个环境层次的聚落。每个聚落由研发空间和试制车间上下两个部分叠加而成。研发空间位于二至四层，中央是条形的内广场，构成整个聚落的"中心"，广场两侧集聚了众多通用研发单元。单元朝内广场这一侧逐层后退，以在深度和宽度之外为内广场带来一个向上的开放度。研发单元的层层后退形成了一系列层次丰富的露台，被室外楼梯连成了活跃的整体，成为中心广场的有机延伸。这里是研发人员休憩、交往，举办活动的地方。

建筑一层是试制车间、设备用房以及服务空间，被分解为 8 个大小不等的体量，以内院为核心，在首层的架空层内相互独立，彼此保持着不小于 4m 的距离作为物流通道。相对聚落上部的明亮、清晰、秩序强烈、敞向天空，试制车间这里则是幽暗、暧昧、秩序微妙，匍匐于地面之上。

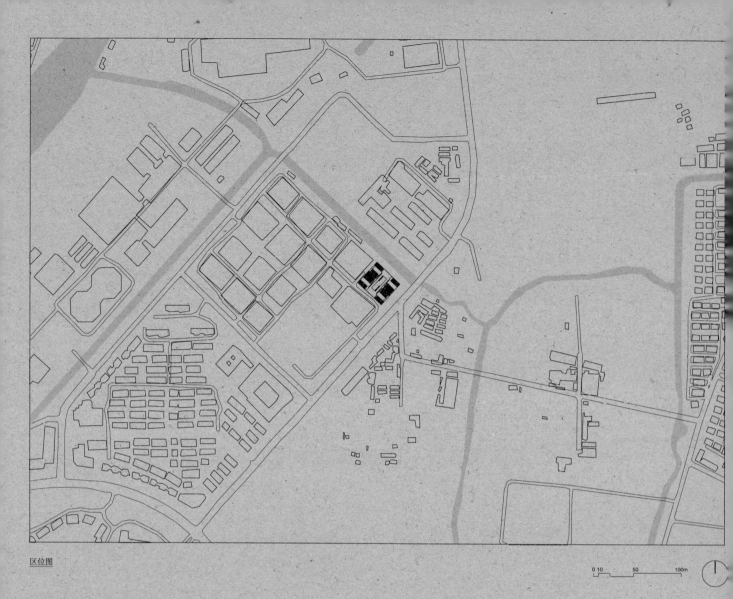

区位图

0 10   50   100m

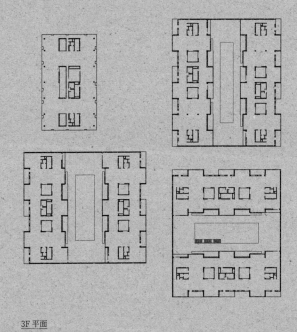

3F 平面

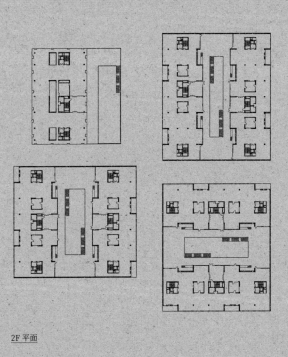

2F 平面

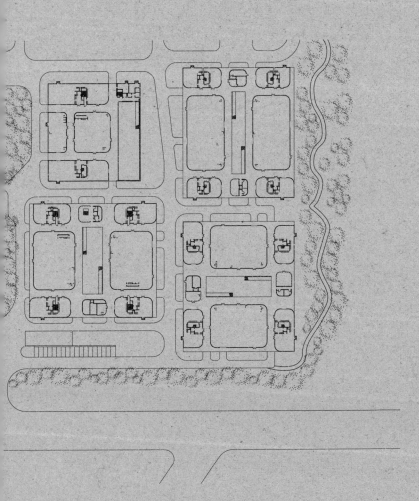

1F 平面

0 2　10　20m

正轴测图

上海国际汽车城研发港

R&D Centre of Shanghai International Automobile City in Jiading

|内庭院及各层退台 |立面局部   **183** |退台及楼梯局部   **184**

上海嘉定桃李园学校
Tao Li Yuan School in Jiading

项目地点：上海市嘉定区树屏路 2065 号
建筑面积：35688m^2
设计时间：2010.05-2012.12
竣工时间：2015.03
摄 影 师：苏圣亮

桃李园学校由拥挤的旧城区迁建而来，基地位于上海市嘉定城区以北的开发区内，周边空旷，北侧和东西两侧均为规划城市道路，南侧有一条小河，隔河尚有部分未拆迁的村庄和农田，仍能感受到江南水乡的地理特征。

为了呼应与正在远去的水乡地理相关联的江南地域的空间文化，设计根据学校的具体功能特点，尝试通过院落空间再现江南传统书院的空间形态，为学生营造一处受教与自由天性互动且具地方气质的校园。学校由小学部和初中部组成，小学部是 5 个年级共 25 个班级，初中部是 4 个年级共 32 个班级。学校的每个院子就是一个年级，建筑的上下层采用不同功能和空间相叠加的方式，底层为专业教室及教师办公室，上层为普通教室。平台之上是安静和常规的教学场所；平台之下，是寓教于乐的展现教学多样性的内外交融的教学空间。

平台采用混凝土厚板结构，在普通教学楼的下部通过部分架空形成可以全天候活动的公共空间，它既和灵活机动的课外教学相结合，又是楼前楼后院落相互渗透的地方，这些架空层让整个校园的地面层成为一个庭院空间整体。院墙之内，是宁静的学习场所；院墙之外，院与院之间又围合出另一个天地，是学生们嬉戏游弋的中心庭院。院墙向外成为游廊，各处因此被联系起来，开敞自由，曲折有致。

区位图

0 10　　50　　100m

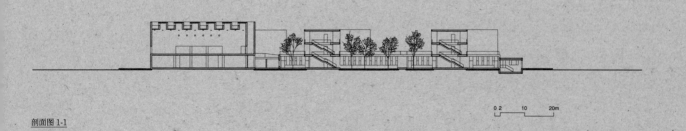

剖面图 1-1

0 2　10　20m

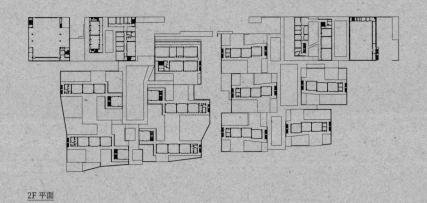

2F 平面

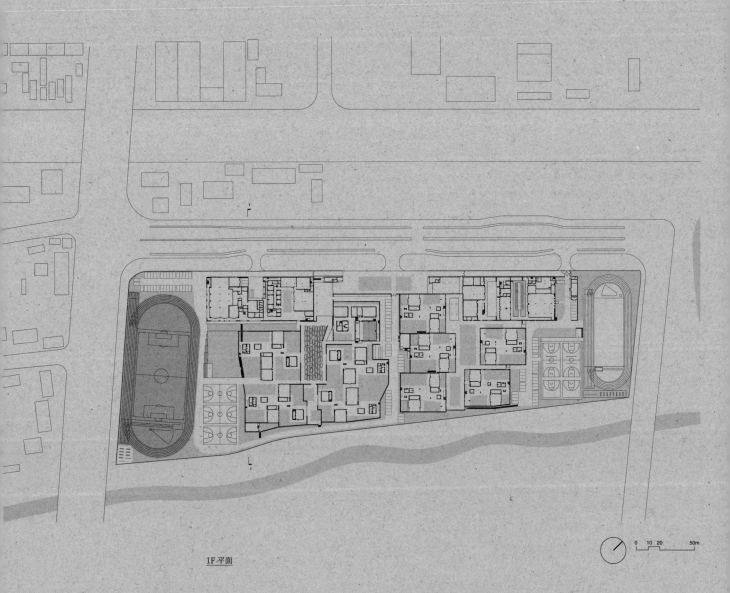

1F 平面

0　10　20　　　50m

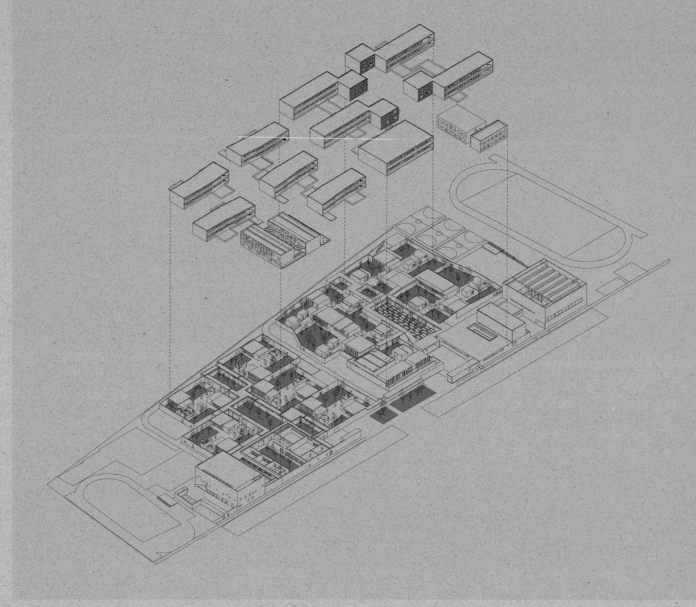

分解轴测图

上海嘉定桃李园学校
Tao Li Yuan School in Jiading

上海嘉定桃李园学校
Tao Li Yuan School in Jiading

远眺小学部教学楼　　　　　　　操场

中学部主庭院　　　　　　　中学部连廊　　　　　　　　　　　　　　　197　　中学部连廊　　　　　　　198

中学部教学楼

中学部体育馆室内

项目地点：上海市徐汇区龙腾大道 3398 号

建筑面积：33007m²

设计时间：2011.10-2012.07

竣工时间：2014.03

摄影师：苏圣亮、陈颢、夏至、

Walter Mair(瑞士)、田方方

龙美术馆西岸馆
Long Museum West Bund

龙美术馆西岸馆位于上海市徐汇区的黄浦江边，基地以前是运煤的码头。现场有一列被保留的 20 世纪 50 年代所建的大约长 110m、宽 10m、高 8m 的煤料斗卸载桥和两年前因为别的建筑计划施工完成的两层地下停车库，原来计划的地面以上建筑还没有建造。

由于原本的设计为了适应停车的经济性而采用了 8.4m×8.4m 标准柱网的框架结构，新的设计仍决定在充分利用原有结构的基础上展开。美术馆的功能性最终被体现在灵活布局的墙体结构上，并创造了一种自由漫行的观展体验。这些独立且分散布局的墙体采用清水混凝土浇筑，向上延展为如伞如拱的独立悬臂的方形覆盖，"伞拱"覆盖的相互之间留有缝隙，向下则插入原有的地下室并与原有框架结构柱浇筑在一起，地下一层的原车库空间也由于这些剪力墙的介入而转换为展览空间，地下二层则仍是车库空间，只有少部分墙体伸入到地下二层。机电系统都被整合在"伞拱"结构的空腔里，由此形成了纯净的室内空间，室内的墙体和顶棚均为清水混凝土的表面，垂直的墙体和水平的顶棚之间由一道椭圆的拱面过渡，但顶棚在室内所见的水平面已经很少。

结构、机电系统与空间意图的整合所形成的架构（volumetric structure）和基地里现存的煤料斗卸载桥具有一种类比性，它们都是一种目的性非常明确且直接展现了建造结构的建筑形式。

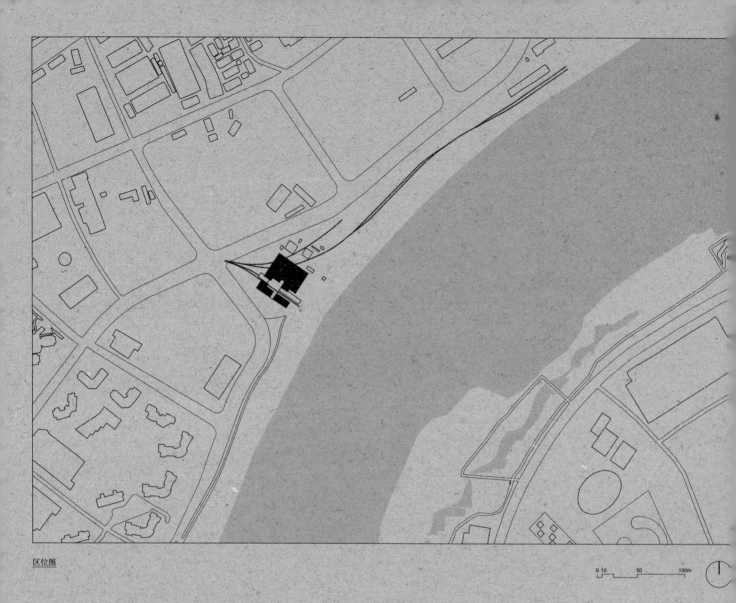

区位图

0 10　　50　　100m

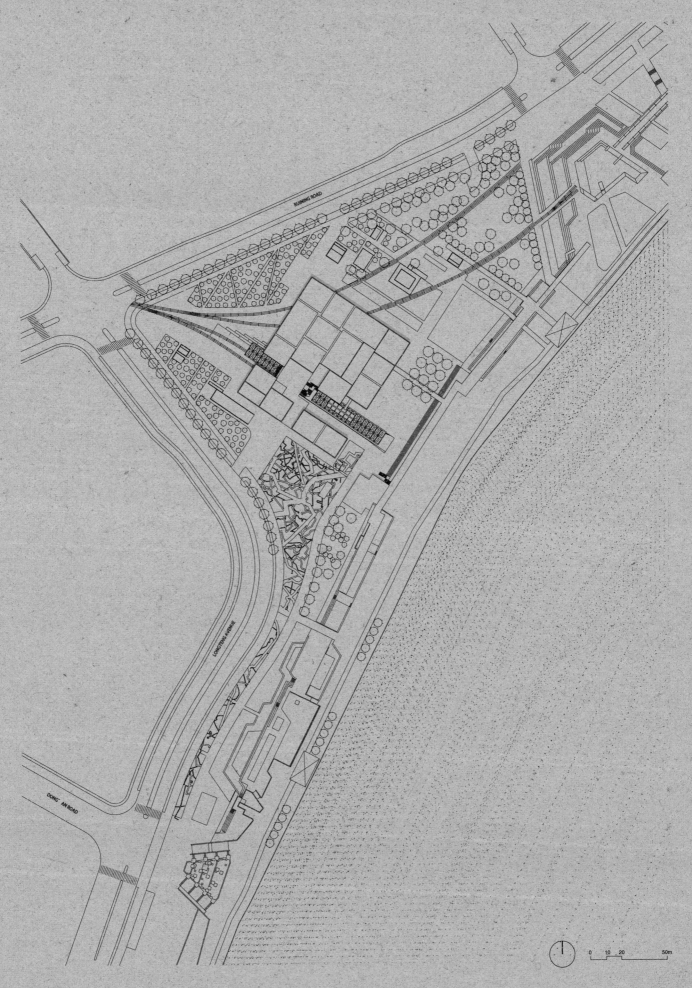

总平面

RUNNING ROAD

LONGTENG AVENUE

DONG'AN ROAD

0 10 20 50m

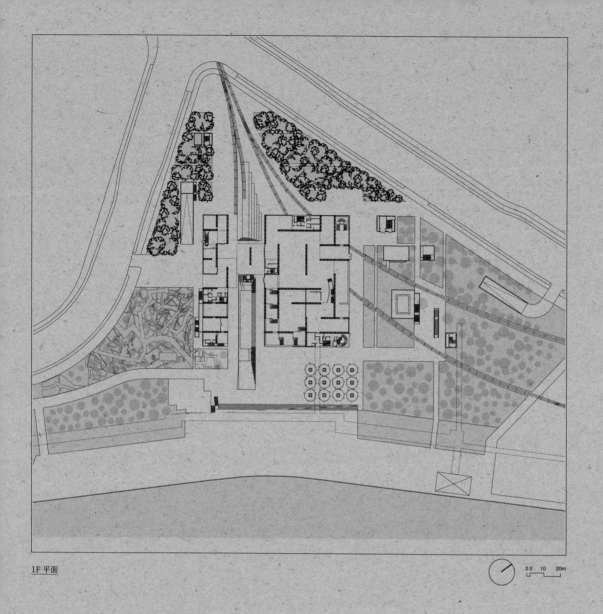

1F 平面

0 2　10　20m

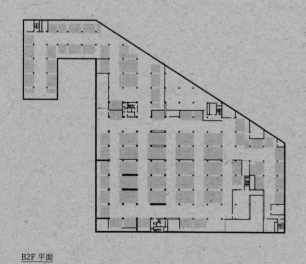

B2F 平面

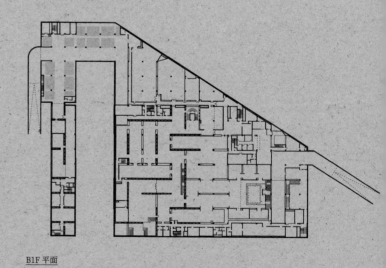

B1F 平面

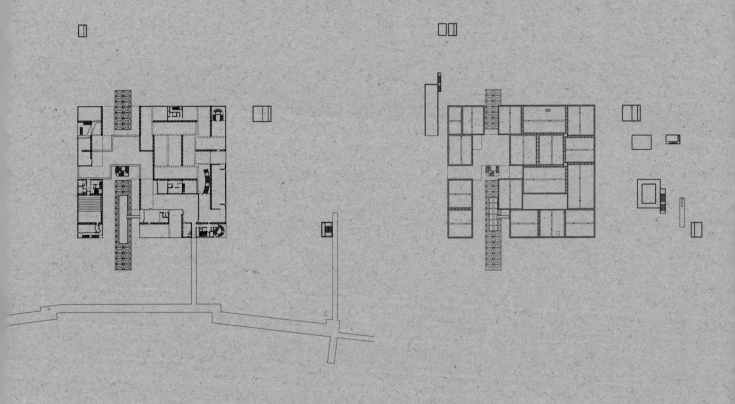

2F 平面   屋顶平面

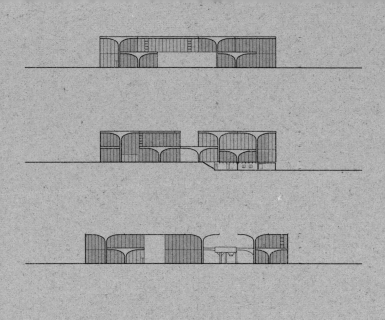

立面图

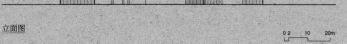

0 2   10   20m

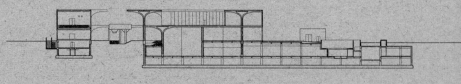

剖面图 1-1

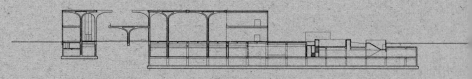

剖面图 2-2

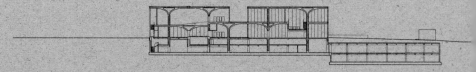

剖面图 3-3

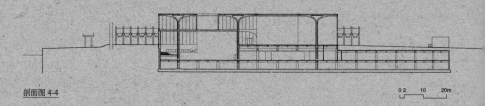

剖面图 4-4

0 2   10   20m

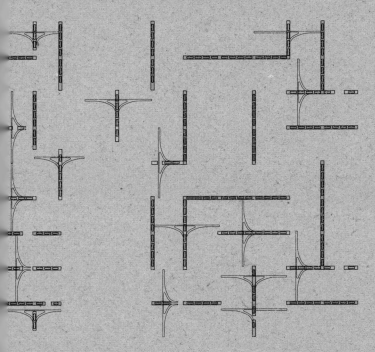

构布局图

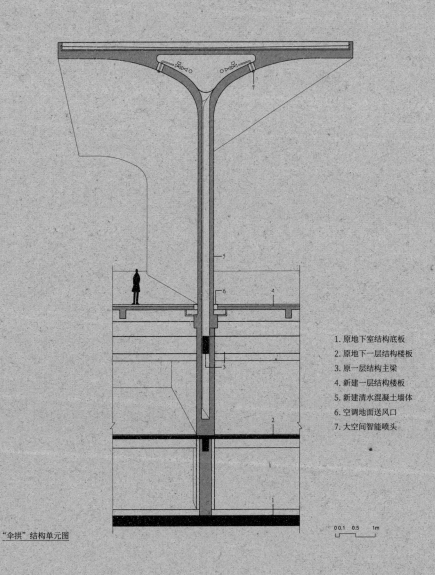

"伞拱"结构单元图

1. 原地下室结构底板
2. 原地下一层结构楼板
3. 原一层结构主梁
4. 新建一层结构楼板
5. 新建清水混凝土墙体
6. 空调地面送风口
7. 大空间智能喷头

0 0.1　0.5　1m

模型

龙美术馆西岸馆
Long Museum West Bund

龙美术馆西岸馆
Long Museum West Bund

煤料斗卸载桥与入口门廊

二层当代展厅   二层当代展厅

半地下阶梯展厅　　　　　　　　　地下展厅　　　　　　　　　　　　　221

半地下阶梯展厅

项目地点：上海市徐汇区华发路 68 号

建筑面积：20280m²

设计时间：2012.05-2015.04

竣工时间：2018.05

摄 影 师：田方方

上海徐汇中学（华发路南校区）

Shanghai Xuhui High School (Huafa Road Campus)

徐汇中学的华发路南校区位于徐汇区华泾镇华发路近龙吴路，由于选址的局限，被一条进出居民区的道路一分为二，但是设计上通过巧妙布局，既将东、西两个区块功能相对集中独立，又采用二层过街天桥将整个校区连为一个整体。在社区道路上设置的操场区的入口，可以实现学校部分设施和社区的共享。

学校的行政办公、食堂、体育馆以及初中部设置在东区，氛围相对活跃，实验室和高中部设置在西区，氛围相对安静。这样原本分隔了校园的社区道路这个对学校布局不利的因素就被化解到最小，操场和体育馆可以利用社区道路的进出口分时为社区服务，带来了对社区有利的城市空间。初中部和高中部的课程与教学行为特点也体现在了空间布局上。

校园建筑采用廊院式的布局，在喧闹拥挤的且并不大的地块内创造了几处安静的内庭院空间，也为学生们的相互交流提供了好场所，在上海多雨的天气里，廊院的使用非常方便。建筑还创造了很多二层以上的平台空间，在不大的用地内为学生们尽可能地提供更多的户外活动场地，同时也完成了高效的教学空间。

由于徐汇中学老校区的外墙由水磨红砖与人工凿毛的花岗岩为主材，校方希望华发路的分校能够考虑这一文脉，以便在新校区仍能与老校区有氛围上的关联。所以新校区采用了红砖肌理的外墙与部分结构构件的显现来设计建筑的外观。在沿华发路教学楼的南立面上，由于建筑上考虑了用于遮挡华发路道路噪声的设在窗台高度的混凝土挑板，挑板连同窗上主梁以及窗台板均由混凝土浇筑，这个混凝土构件就成了南立面上看上去非常特别的建筑形式，这些挑板同时也让高楼层窗边的学生感到安全。建筑朝西的挑板则是下落到窗洞上沿的，用于遮阳。建筑朝向内院的外廊，由于从教室内挑出外廊的主梁和外廊的封边梁没有设计在同一高度，而是有所错动，在走廊上就形成了有趣的高窗，也产生了有趣的立面。

最终，尽管华发路分校区的建筑完全没有和徐家汇老校区相像的建筑形式，但是它们在立面体现的思维逻辑以及外墙材料的某些近似性，仍然构成了一种延续性。

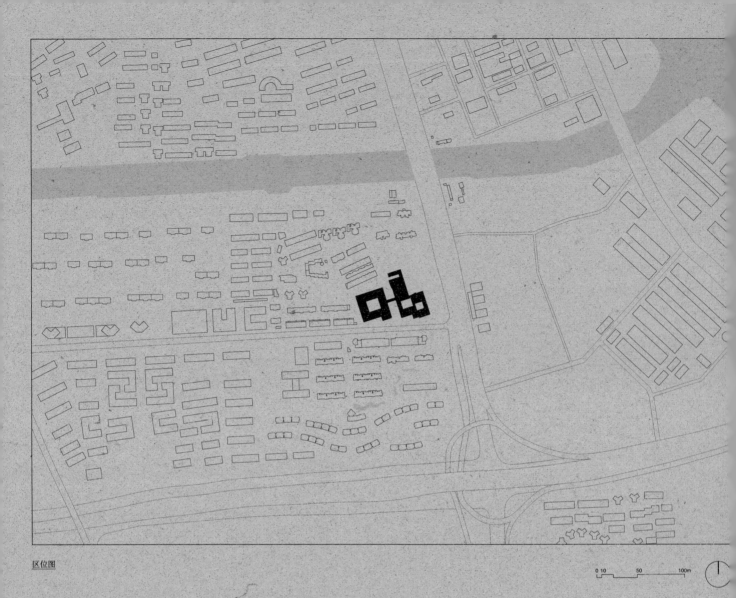

区位图

0 10　　50　　100m

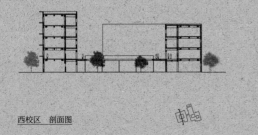

西校区　剖面图

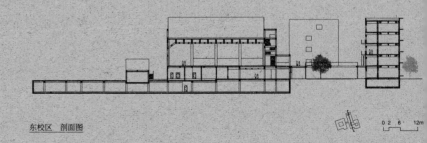

东校区　剖面图

0 2 6　　12m

226

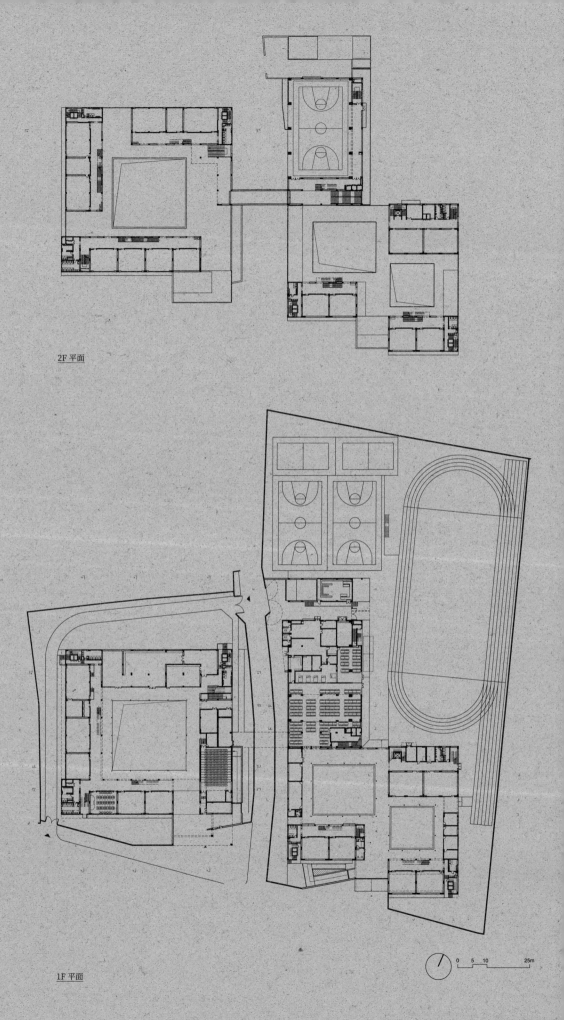

2F 平面

1F 平面

0 5 10   25m

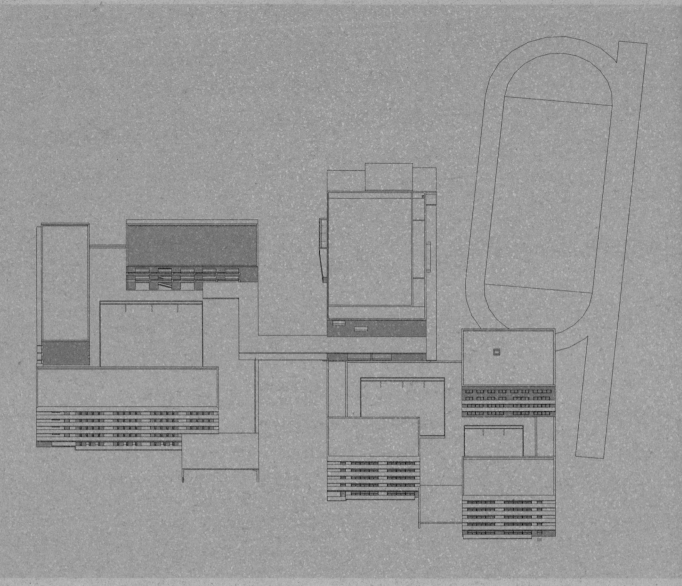

正轴测图

上海徐汇中学（华发路南校区）

Shanghai Xuhui High School (Huafa Road Campus)

教学楼立面局部

东校区内庭院

No.12
2013-2015

华鑫慧享中心
Huaxin Conference Hub

项目地点：上海市徐汇区田林路 142 号
建筑面积：1000m²
设计时间：2013.07-2015.08
竣工时间：2015.12
摄 影 师：陈颢、加纳永一（日本）

建筑基地位于上海漕河泾华鑫科技园内，被区内道路、路边停车位和既有的办公楼紧紧围绕，狭小局促，周边环境不甚理想。从整个园区的环境看，慧享中心近 1000m² 建筑容量将更加加剧园区的建筑密度，因而新的建筑在介入后应当尽量避免加剧园区的逼仄感。

设计最终采取的是一种双向平衡的策略：以一道环形的悬浮的混凝土围墙在基地内限定了一个内向却不与外界隔绝的领域，建筑依据功能组成被分解为 4 个相互分离的体量，呈风车形布置在围墙内。

为了使整个体量不至于显得过大，建筑的室内交通空间被尽量室外化。4 个分离的建筑实体之间的外部空间通过路径的设置和园区连为一体，同时也是整个建筑的中庭。人在建筑内穿行，会不断经历室内外的场景交替，以及对"内、外"区分的不确定性。建筑房间内的墙面采用了木纹清水混凝土，交通空间的墙面则被刷成白色，这样的差异化处理，亦是为了强化场景间的交替。为了控制建筑高度，建筑和围墙内的部分场地下沉了 1.5m，但借助缓坡过渡仍然与周边保持连续。这样，慧享中心的两个楼层和园区场地之间构成了错层关系，在任何一个基面上都能感觉到其他两个基面的存在，从而也带来了一种"上、下"层面上的暧昧。

整个建筑尽管体积感很强，但它的重量感却因为围墙的悬浮大大被削弱，因而传递出一种视觉上的"轻"。建筑外立面木纹混凝土表面处理成白色，也是为了传达这种"轻、重"层面上的不确定。4 个分离的建筑实体之间的扭转以及建筑实体的墙面向外倾斜的处理，也强化了这个建筑对于不确定性的表达。

243

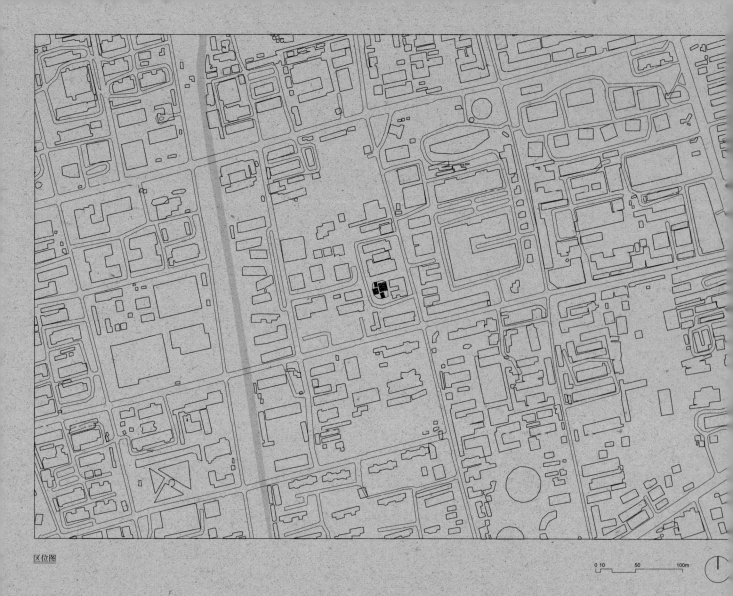

区位图

0 10   50   100m

244

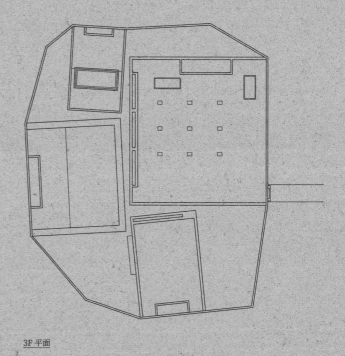

3F 平面

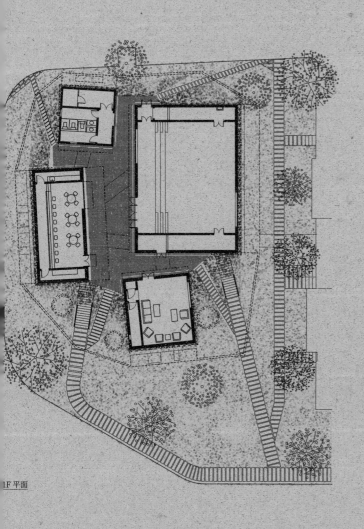

1F 平面

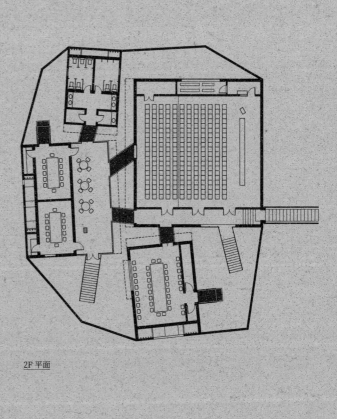

2F 平面

0 1   5   10m

245

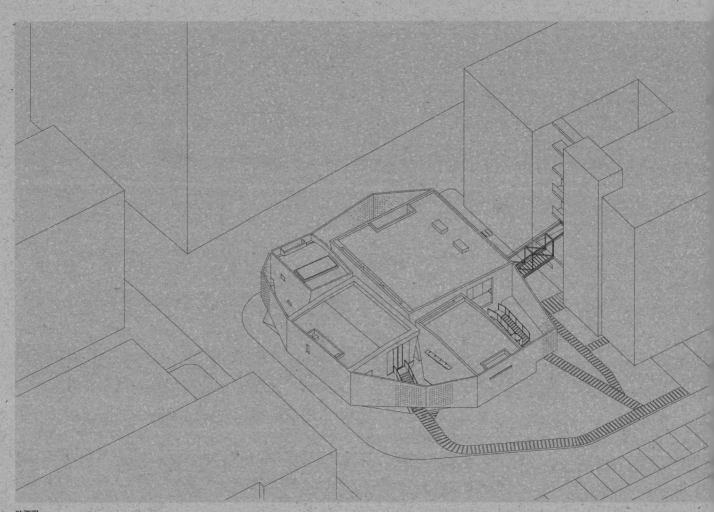

轴测图

华鑫慧享中心

Huaxin Conference Hub

入口处悬浮着的外墙

西岸艺术中心
West Bund Art Centre

项目地点：上海市徐汇区龙腾大道 2555 号
建筑面积：10800m²
设计时间：2014.02-2014.07
竣工时间：2014.09
摄 影 师：苏圣亮

西岸艺术中心是由上海飞机制造厂冲压车间的厂房改造而成，是个长达 120m、两跨宽度分别为 24m 和 30m、高度 15m 的巨大厂房，这种巨大的单个空间，在通常的民用建筑尺度下是罕见的，因而如何既能保持这种巨大尺度的陌生感，又能带入合理的新的民用功能性，成为改造设计的重点。将这个厂房空间改造为艺术中心本身就包含了一种保护或者是对既有空间的有效利用的意图。一开始，它是专门为西岸艺术博览会而设定的，随后，各种大型活动的多功能使用显示出它良好的空间适应性。

因为西侧城市道路的原因，厂房西段有四跨被拆除，考虑到抗震的需要，设计采用了菱形网状的钢结构网格，加强了建筑的侧向稳定性，建筑也借机向城市呈现一定的开放性。西侧是从地铁方向人流到达的方向，一个新的立面，特别是傍晚灯光亮起时如灯笼般的空透，使这个旧有的厂房建立了和周边正在更新重建的城市间的关联。

出于功能的考虑，24m 跨这一部分的厂房内设置了夹层，分别通过阶梯看台和一个折行坡道与 30m 跨的厂房空间现成了封闭的观展流线，于是，一个从夹层高处望向东侧黄浦江的视线需求出现了。厂房东侧的山墙被部分打开，并采用了新的混凝土格架和旧有的抗震柱以及圈梁连接为新的结构，建成的新结构就像是每种内部空间的外翻，就好像扒开了墙皮露出原来的样子，其实是新的，这和西侧山墙的面貌完全不同。内部弯折的坡道配合着不同的高度、不同方向的视线，在东侧联系着龙腾大道和黄浦江的方向，这里，是太阳升起的方向。而完整保留了原有尺度的 30m 跨的大空间，在朝向城市这一侧，菱形的网格后，经常可以看到落日西沉的景象，这一空间因为落日的风景而强化了与场所的关系。

建筑的东侧和南侧，新增加了钢结构的门廊，设置了咖啡厅和卫生间，为西岸艺术博览会以及其他展览活动提供了必要的服务设施，并兼顾了来自东西两个方向人流的入口引导。北侧也新增了门廊以及用于夹层疏散的楼梯，这个由混凝土独立柱支撑的门廊连接着部分围墙，围合或限定了一个放置空调设备的内院以及一个货运出入口。

区位图

0 10　　　　50　　　　100m

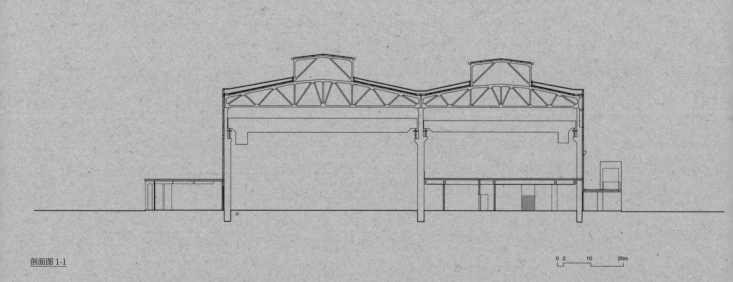

剖面图 1-1

0 2　　10　　20m

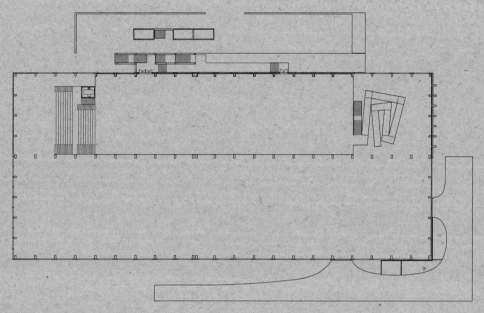

2F 平面

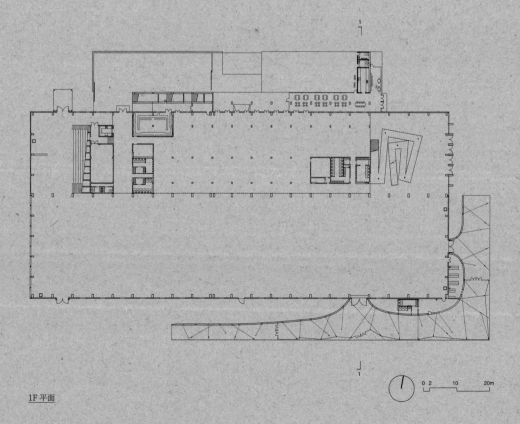

1F 平面

0 2　　10　　　20m

259

局部轴测图

西岸艺术中心
West Bund Art Centre

东立面

壹基金新场乡中心幼儿园

One Foundation Kindergarten of Xinchang County in Ya'an, Sichuan

项目地点：四川省天全县新场乡丁村

建筑面积：1500m²

设计时间：2014.10-2015.04

竣工时间：2017.01

摄 影 师：苏圣亮

天全县新场乡中心幼儿园共设 6 个班，是 2013 年雅安地震后壹基金向灾区援建的十多所幼儿园中的一所。项目用地位于新场乡丁村西北侧一块不大的台地上，四周群山环抱。基地向西遥对着一个山口，让人在大山围绕之中仍能感知到远方的存在。附近的村落与自然紧密依存，又和它微妙地对峙着，气氛安宁而静谧。

整个幼儿园被设想为一个"村落"，面积约为 1500m² 的建筑体量按功能组成被分解成 9 个彼此游离的"村舍"，布置在基地的东、南、北三边，围合出一个向着西侧山口打开的 U 形内广场。广场的铺装和建筑外墙都采用当地生产的页岩烧结砖，构筑了一个具有强烈人工意味的场所。这个场所一方面独立于周边的自然环境之中，另一方面又和天空、大地、近处的村落以及远方的山口组成一个密不可分的整体。

在这里，有着确定的空间尺度和时间尺度，自然地呈现是受控的，和场所的起承转合息息相关。内广场是整个幼儿园的核心，也是场所方位感和识别性的关键所在。孩子们每天在广场内嬉戏，他们对幼儿园的认同和记忆会从这里开始，内广场由此也将成为场所归属感的一个源头。

幼儿园场所的营造也充分考虑孩子们的心理和生理特点，尽量实现空间类型的多样化和可游戏性。雅安地区多雨，幼儿园各单体建筑以及主入口借助曲折的外廊连为一体。外廊顺应着场地标高的变化，结合坡道、台阶，在内广场与两侧建筑之间增添了一个富有亲和力的尺度层次和空间层次，也为孩子们的日常活动提供了更多的可能。

造价的限制使设计必须充分顾及当地的施工能力和工艺水平，当地年降水量多达2000mm，防水构造对建筑外观也产生了重要影响。幼儿园单体规模不大，单坡屋面能迅速排除雨水也便于施工。建筑外墙面采用在框架填充墙外侧砌筑页岩烧结砖墙作为防水措施，页岩砖远比普通外墙涂料耐雨水侵蚀，在周边村舍的建造中被广泛使用。幼儿园的外廊采用便于手工搬运的轻钢材料，也为具有浓重手工意味的砖砌场所增加了一抹工业化的色彩，让幼儿园的建筑和村舍保持了一定的距离。

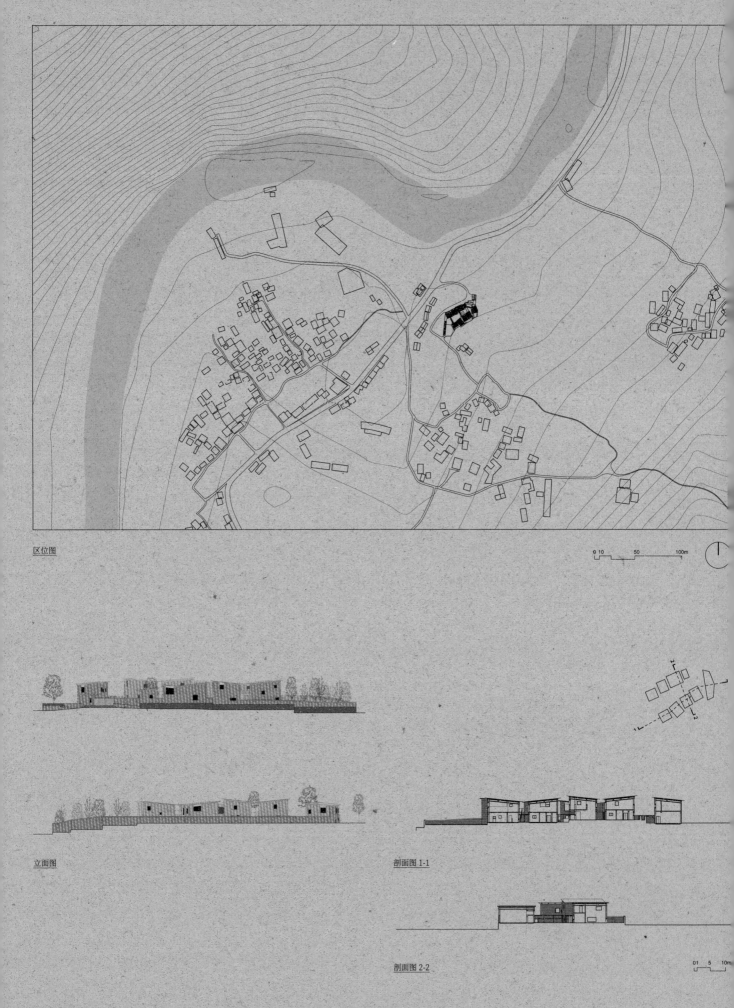

区位图

0 10   50   100m

立面图

剖面图 1-1

剖面图 2-2

0 1   5   10m

总平面

0 2　10　20m

1F 平面

01　5　10m

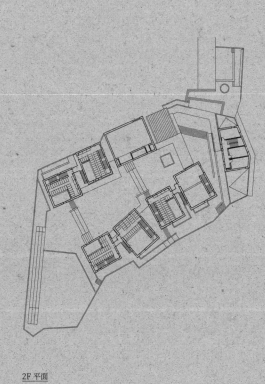

2F 平面

轴测图

壹基金新场乡中心幼儿园
One Foundation Kindergarten of Xinchang County in Ya' an, Sichuan

大舍西岸工作室

Atelier Deshaus Office on West Bund

项目地点：上海市徐汇区龙腾大道 2555 号

建筑面积：430m^2

设计时间：2014.11-2015.04

竣工时间：2015.11

摄 影 师：陈颢、田方方

大舍西岸工作室建在原来的上海飞机制造厂的场地内，紧邻一个保留并临时改造为艺术中心的大厂房，还有一些小体量的坡顶仓库建筑被临时改造为艺术家的工作室。新造的工作室也将是一个寿命只有 5 年的临时建筑，尽管如此，我们仍期待去建造一个和这个场所气质相关的建筑，只是必须低成本，且快速建造。

建筑所在的基址原来是一个混凝土地坪的停车场。通过采用砖墙结构，将混凝土地坪利用为建筑的基础以节省造价，墙体结构也恰好能对应于工作室所必需的会议室、模型制作、行政办公、储藏等小面积的功能空间。建筑的二层则采用了符合大空间办公使用的轻钢结构。在二层的轻钢结构中，根据办公桌的空间布局和使用，最终确定了结构的间距及其和窗户的对应关系，因而结构的逻辑里被隐含了使用的空间要素，这些结构也同样在氛围上和这个地方所具有的工业气质相吻合。二层的轻钢结构通过将钢立柱置于窗户的中央，不仅将规避冷桥的任务交给了窗户，而且也使结构框架在室内被完整地阅读出来。

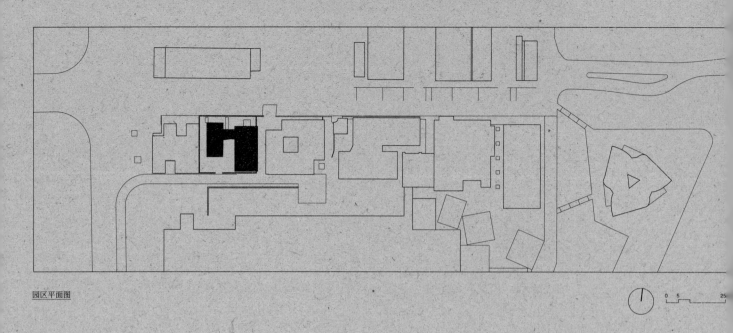

园区平面图

0 5 25

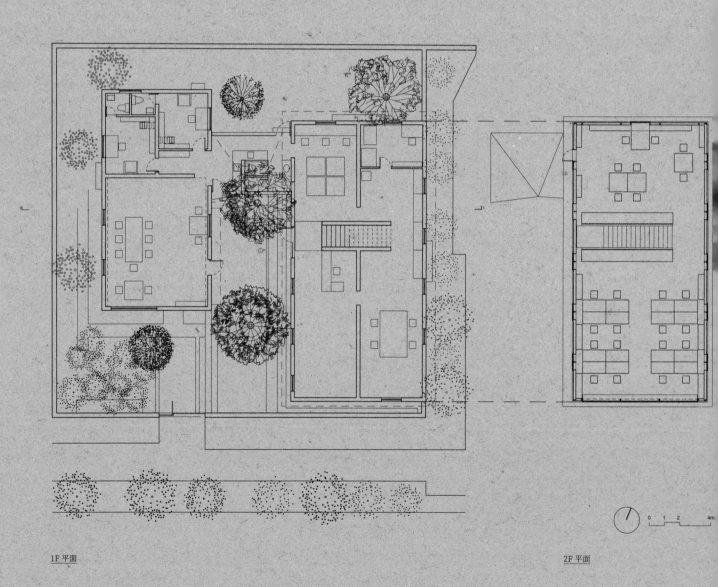

1F 平面

2F 平面

0 1 2 4m

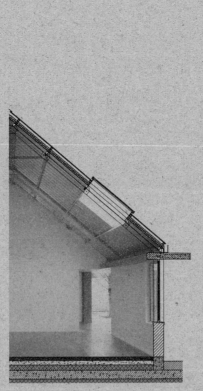

剖面透视图

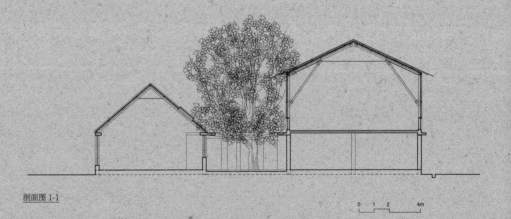

剖面图 1-1

0 1 2 4m

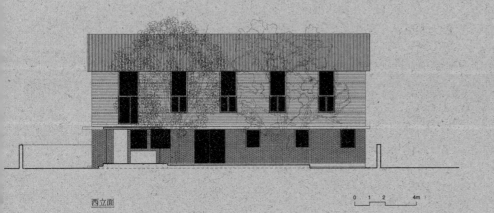

西立面

0 1 2 4m

模型

大舍西岸工作室
Atelier Deshaus Office on West Bund

云阳滨江绿道游客服务中心
Yunyang Tourist Service Centre in Chongqing

项目地点：重庆市云阳县滨江大道、青龙路
建筑面积：9011m²
设计时间：2015.01-2016.08
竣工时间：2019.10
摄影师：苏圣亮

云阳地处三峡库区，县城长江沿线的滨江绿带内计划建造一座游客服务中心，为前来休闲的市民提供商业服务。建设方打算把江边的一个小湾填平作为服务中心的用地，建筑也由此被设想为朝向大江跌落的两层房子。现场踏勘时恰逢库区的蓄水期，江水接近最高水位，我们发现小湾下游方向的江岸是一道直落于水中的天然崖壁，一路向上游逦迤而来，围出了大半个小湾后戛然而止。小湾上游方向的岸线基本是土坡，正在被改造为工程化的江堤以及护岸。相比外侧壮阔的峡江，小湾和湾边长满乔木的崖壁幽邃静谧，本身就是滨江一处别有特质的景观资源，应该完全予以保留。业主最终同意我们的观点，服务中心于是就被布置在小湾上游一侧，充当江堤的收头，同时也作为崖壁的延续，完成对小湾的围合并一直伸展至大江的护岸上。

云阳是个密度颇高的山城，滨江城市道路以及绿带高出长江最高水位十至二十多米，江边少有平地。我们希望游客服务中心除了商业功能外，还能为市民的诸如跳广场舞等日常活动营造合适的场所，同时也成为大家驻足观赏江景的去处。依照这个定位，建筑前端突出江堤的部分被设定为一个广场，广场和堤顶齐平，比最高水位高 1.5m，有着极佳的亲水性。为了让人们能在恢弘的峡江边有足够的安定感，广场覆以顶盖，就像一个巨型的凉亭，庇护着身处其中的市民。亲水广场的前突给市民观赏江景提供了一个全新的视点，他们能够向着大江上、下游方向极目远眺，从而获得江流天地外的印象，有别于以往隔江观赏对岸山色的经验。广场的顶盖及其支撑结构剪裁了风景，将大部分的天空排除在观赏者的视野之外，凸显了江和山，增强了人们对壮美的感知。亲水广场和江边的道路有着近 10m 的高差，借助一段曲折的大台阶与之相连，台阶两侧布置了通用的商业空间。商业空间的屋面与亲水广场的顶盖连为一体，构筑了一个硕大的滨江平台，为市民塑造了又一个富有特点的活动场所。和有顶盖的亲水广场不同，平台高距于江堤，在这里，人们对风景的感知更有苍穹之下，峡江之上的意味。

从某种意义上来说，人工筑造的山城可谓是自然成就的峡江的对立物，游客服务中心居于其间，一方面通过延续崖壁、围合小湾、收头江堤等动作，顺应并强化了场地的自然潜质，并将自身嵌入其中；另一方面借助亲水广场、大台阶、滨江平台等要素，给市民的生活提供了新的可能。游客服务中心在联结峡江、山城和人的同时，也获得了自身的存在。

区位图

0 10　　　50　　　100m

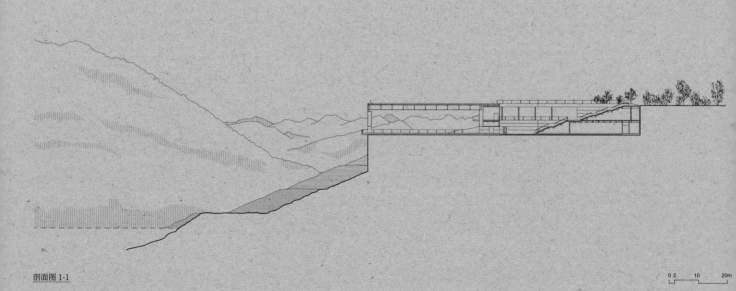

剖面图 1-1

0 2　　10　　20m

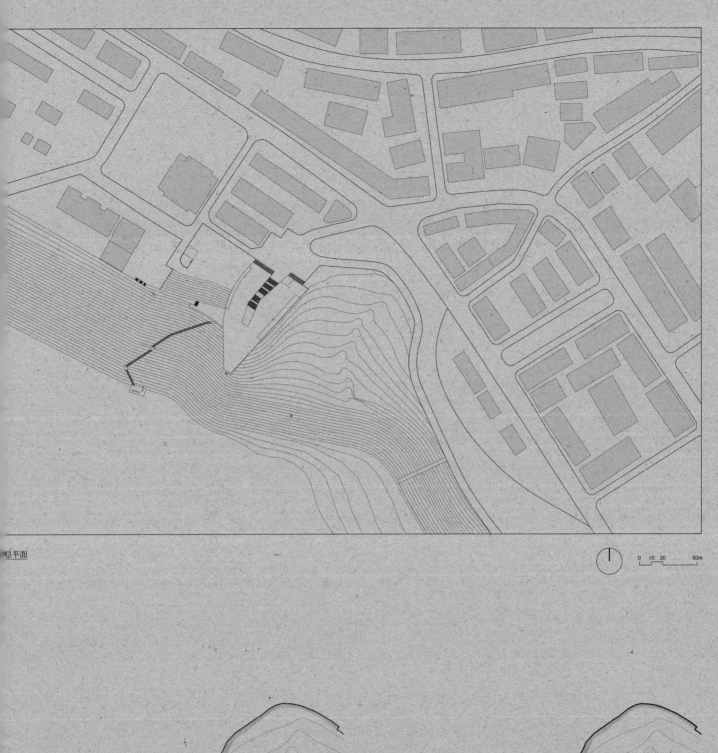

总平面

0 10 20   50m

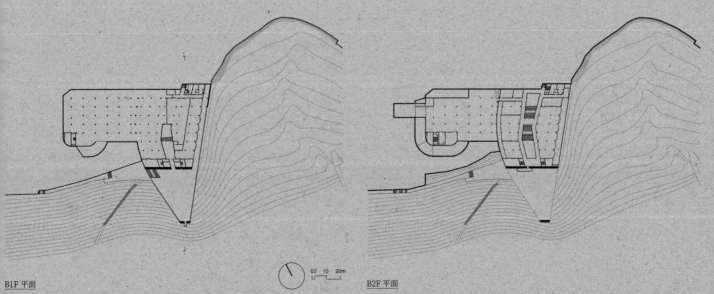

B1F 平面

02 10   20m

B2F 平面

297

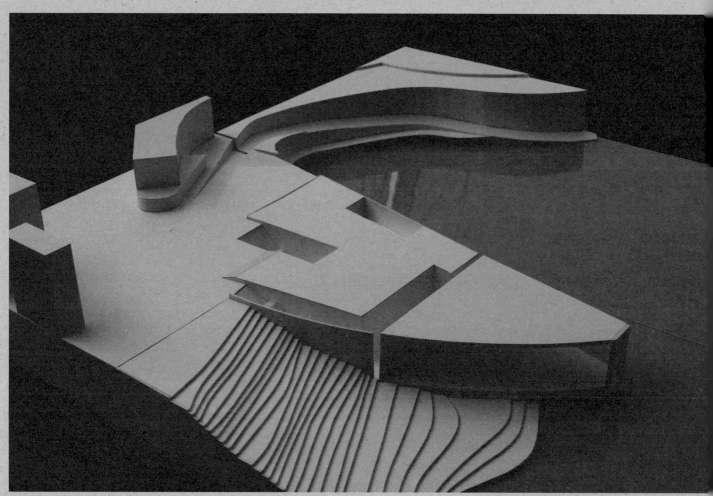

模型

云阳滨江绿道游客服务中心
Yunyang Tourist Service Centre in Chongqing

云阳滨江绿道游客服务中心
Yunyang Tourist Service Centre in Chongqing

服务中心与崖壁并置　　　　　江面视角

下层广场在建筑立面上显现的巨型洞口

下层广场在建筑立面上显现的巨型洞口

下层广场

回望连接下层广场与大台阶的甬道

花草亭
Blossom Pavilion

项目地点：上海市淮海西路 570 号
建筑面积：96m²
设计时间：2015.04-2015.10
竣工时间：2015.11
摄 影 师：陈颢、田方方、周鼎奇

花草亭是与艺术家展望合作的一件作品。展望的代表作品是由镜面不锈钢制作的太湖石假山雕塑，不锈钢的表面肌理都是直接在真实的石头上使用特殊的工艺拓出来的。艺术家对于假山的理解是物体性的，而在中国园林中，假山虽然也是一种观赏性的物体，但更多的是一种身体性的存在。

支撑与覆盖是人类最原始的空间建造模式，用以庇护自身免受日晒雨淋。在人类建造的演进中，人们倾向于合理和科学的准则，工程学逐渐成为建造的技术核心。花草亭也经过严谨的结构计算，12m×8m 大小的覆盖，由 8mm 和 14mm 两种厚度不等的钢板在 800mm×800mm 的网格内根据受力分布组合而成，钢板上部根据受力设置了 50mm~200mm 高度不等的厚度为 14mm 的云状肋板（这些肋板间的空间就作为了屋面种植的花池，结构受力的状态形成了一个天然的地形坡度），钢板下部则根据空间需要布置了 6 处 60mm 见方的单根或 A 形实心方钢支撑，于是一个极简的工程建造物已然完成。

然而进一步的设计在确定支撑位置时并非仅仅依据结构最合理原则，而是结合一个由假山的"切片"来支撑及限定的空间营造来共同确定。建筑师将艺术家的不锈钢假山雕塑，分解及转换为一个抽象的假山般的空间。建筑师选择了艺术家山石拓片肌理的不锈钢作为切片一侧的表面，另一侧则是光洁的镜面，周边的树木花草被模糊化地带入了这个花草亭中。

借助于艺术家的介入，建筑师得以这种特别的方式进入了有关原始空间的修辞学中。

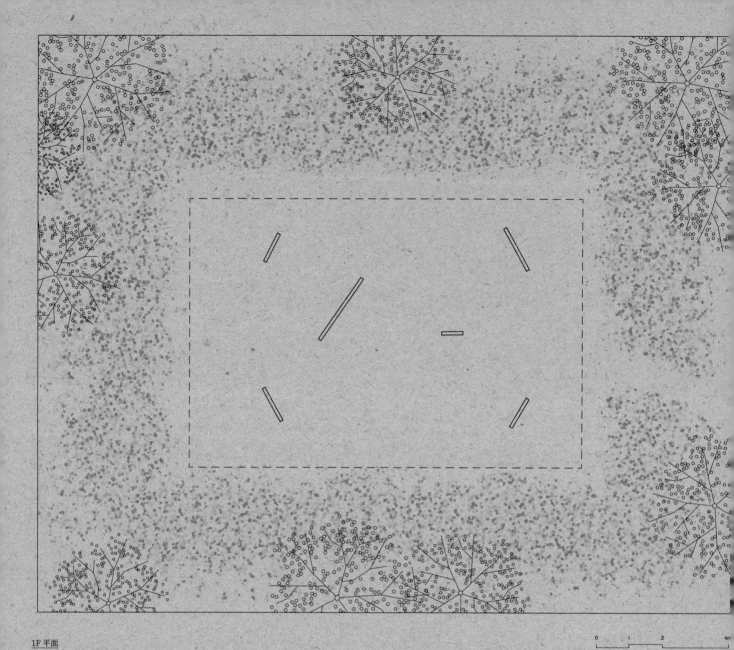

1F 平面

0 1 2 4m

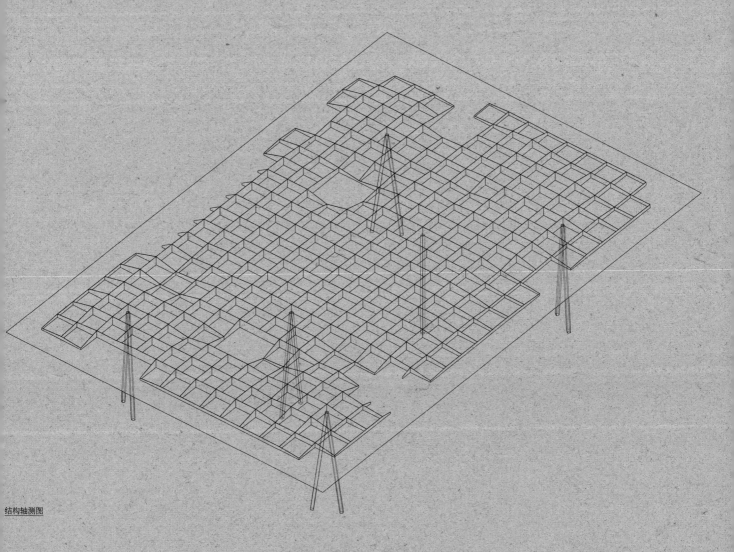

结构轴测图

模型

花草亭

Blossom Pavilion

台州当代美术馆

Taizhou Contemporary Art Museum

项目地点：浙江台州椒江区沙门粮库文创区

建筑面积：2454m²

设计时间：2015.05-2015.09

竣工时间：2019.04

摄影师：田方方

美术馆位于台州市一个旧有的粮库改造而成的文创园区内。粮库至今还拥有大面积的苏联风格的厂房和仓库，它们都被改造为商店、餐馆和办公的功能，改造后的园区很有生气和活力，但是原有的粮库风貌没有得到足够好的保持。美术馆是粮库区内的空地上新建的一栋建筑，它面对一个小广场，东侧越过一排二层建筑可以看到绵延的枫山。

美术馆总建筑面积约2450m²，共有8个展厅。由于展厅的层高较高，而每个展厅的面积并不大，所以在设计上通过错层的处理，减小了从下层展厅到上层展厅的层高，从而调节了参观的节奏。由于不同标高的展厅在空间上相互交错且相互渗透，从而形成了丰富的立体空间序列和观展体验。

美术馆以现浇混凝土平行筒拱结构的顶棚营造了独特的美术馆空间氛围，线性的筒拱结构结合了展厅的灯光设计，并且在空间上沟通着建筑的内外。在空间序列上，展览空间从面对广场开放的展厅开始，筒拱的方向也指向广场，逐层旋转而上，于顶层面对枫山一侧展厅再次开放，筒拱的方向也转向枫山，形成了结构与风景的对应。美术馆的南立面也被处理成浅凹的波形，仿佛内部顶棚的筒拱在外部的延展，构成了美术馆面对广场的正面性。

美术馆的混凝土结构浇筑由于当地施工工艺的粗陋，各种浇筑时的不精确或者错误的叠加使混凝土的表面呈现并非原本设计的生动性，但是在过程之中设计也及时调整门窗安装以及室内设计策略去适应不断发生的状况，以使一种并非有意的废墟般的粗陋转换为可贵的空间品质。

区位图

0 10　　　50　　　100m

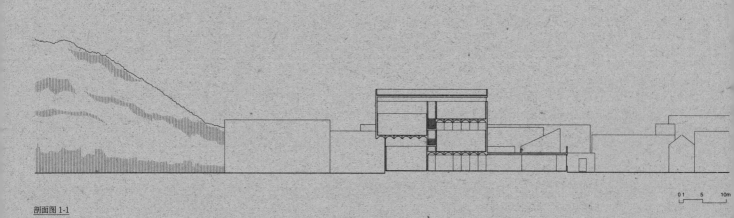

剖面图 1-1

0 1　　5　　10m

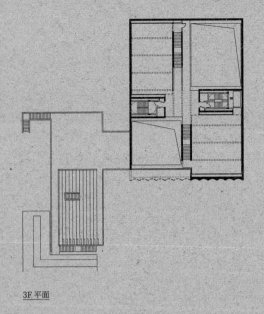

3F 平面

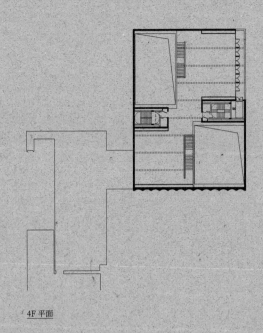

4F 平面

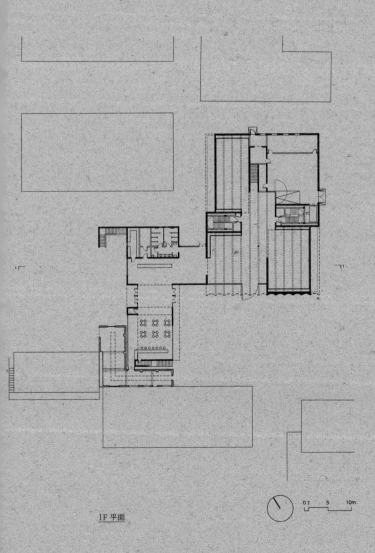

1F 平面

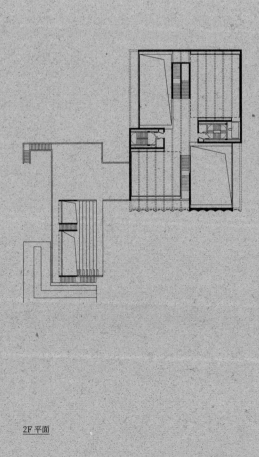

2F 平面

0 1   5   10m

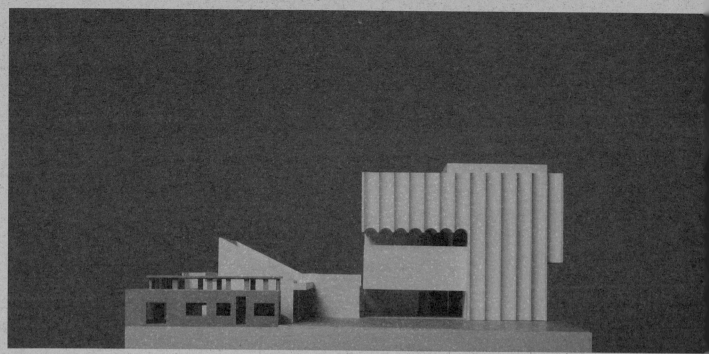

模型　南立面

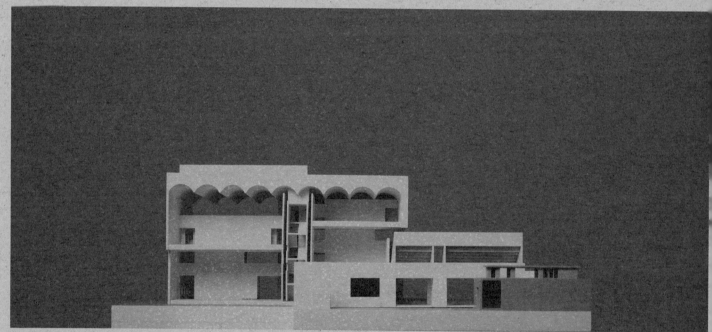

模型　西立面

台州当代美术馆
Taizhou Contemporary Art Museum

刚脱模的混凝土内景　　　　　　　筒形拱顶展厅　　　　　　　　　　　　　　　331

上海艺仓美术馆　上海艺仓美术馆滨江长廊
Modern Art Museum Shanghai, Riverside Walkway of Modern Art Museum Shanghai

项目地点：上海市浦东新区滨江大道 4777 号

建筑面积：9180m²

设计时间：2015.05-2016.10

竣工时间：2016.12

摄影师：田方方

艺仓美术馆的旧址位于上海浦东的老白渡煤炭码头，码头上既有的煤仓建筑险些被拆除，建筑师通过在既有的煤仓废墟中进行了一次成功的临时展览，说服了业主将原有建筑保留了下来。为更好地组织空间，并尽可能减小对现有煤仓结构的破坏，设计采用悬吊结构，利用已经被拆除了屋顶后留下的顶层框架柱支撑一组巨型桁架，并层层下挂，在完成流线组织的同时也构建了原本封闭的仓储建筑所缺乏的与黄浦江景观之间的公共性连接。

建筑首层是有着 8 个煤仓漏斗顶棚的多功能大厅，旧有的结构直接暴露在室内，与室外精致的阳极氧化铝板的外立面形成了鲜明的对比。二层是低矮的由煤料斗的斜面间隔的多媒体展厅，三层是美术馆的主展厅，它利用原来储煤的 8 个方形煤斗，相互打通形成了独一无二的带着原本粗粝质感的混凝土墙体展厅。四层则又是一个高大空间的展览厅，原本斜向运煤的通道被改造为钢结构大楼梯，可以由室外直达这一层，从而也为美术馆的多种运营和展览方式提供了多重的人行流线。

旧有结构并未暴露在外，而是深藏在看上去是一个崭新建筑的核心之中。

位于上海浦东的老白渡煤仓的高架运煤廊道长约 250m，改造前只留下一排排平行阵列的混凝土排架，间隔有一些垂直方向的横梁连接。这些运煤的廊道既属于艺仓美术馆，也是沿黄浦江重新构建的城市公共空间的一部分。长廊上部是人行通道高架，下部则布置了艺术品商店和各有特色的咖啡馆，为江边的公共空间服务，也为美术馆的运营带来更多的可能性。

长廊的设计采用了张弦梁加悬吊钢结构系统，与表面已经有一定的风化腐蚀的混凝土排架结构相结合，形成了一个新的整体结构，但是又保持了各自的视觉完整性。它既承担了上部廊道的地面结构，也向下挂着玻璃盒体商店的屋顶部分，这既使商店的盒体建筑从构架中游离出来，又仍然是结构整体的一部分。这种做法并没有着意去强调既有的结构体，而是使已然废墟般的结构再次融入新的建造，它使曾经的工业碎片悄然进入了上海的日常生活环境。

区位图

0 10　　　50　　　100m

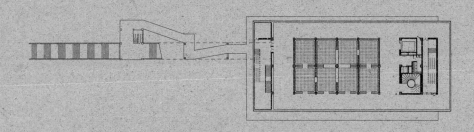

艺仓　3F 平面

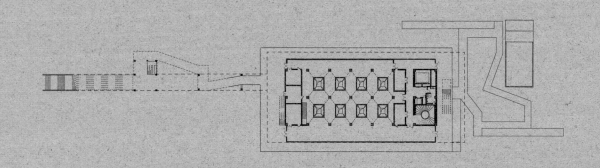

艺仓　2F 平面

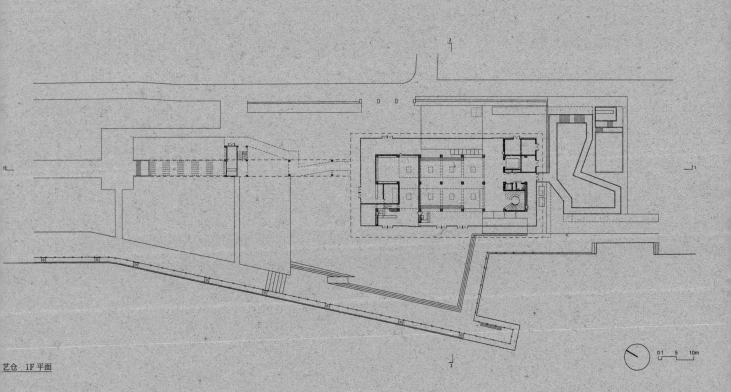

艺仓　1F 平面

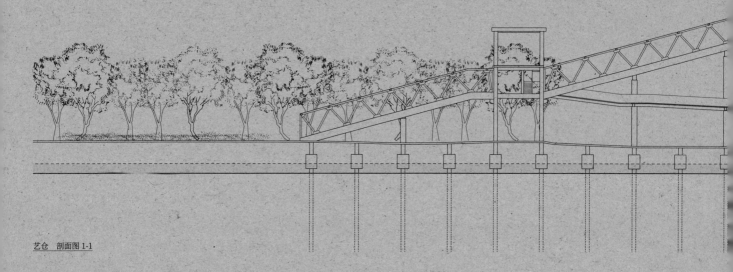

艺仓　剖面图 1-1

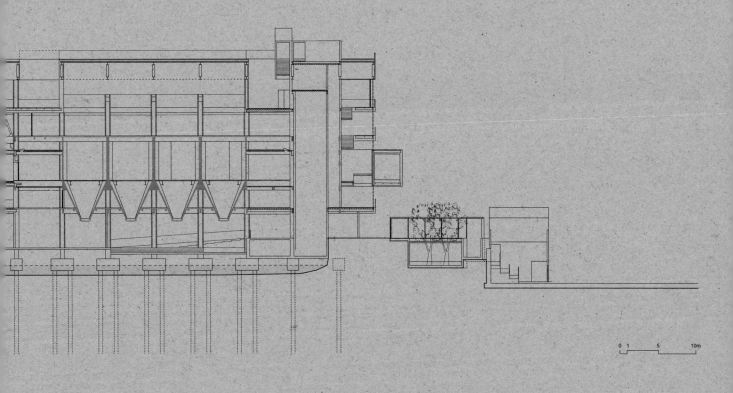

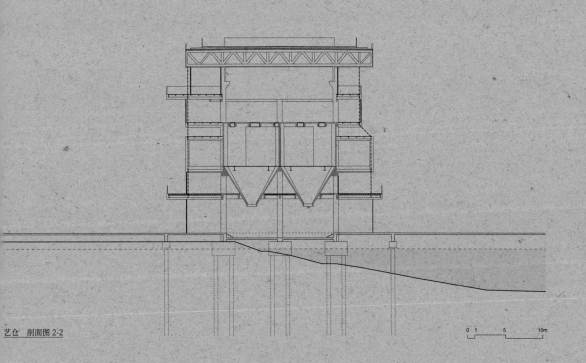

艺仓　剖面图 2-2

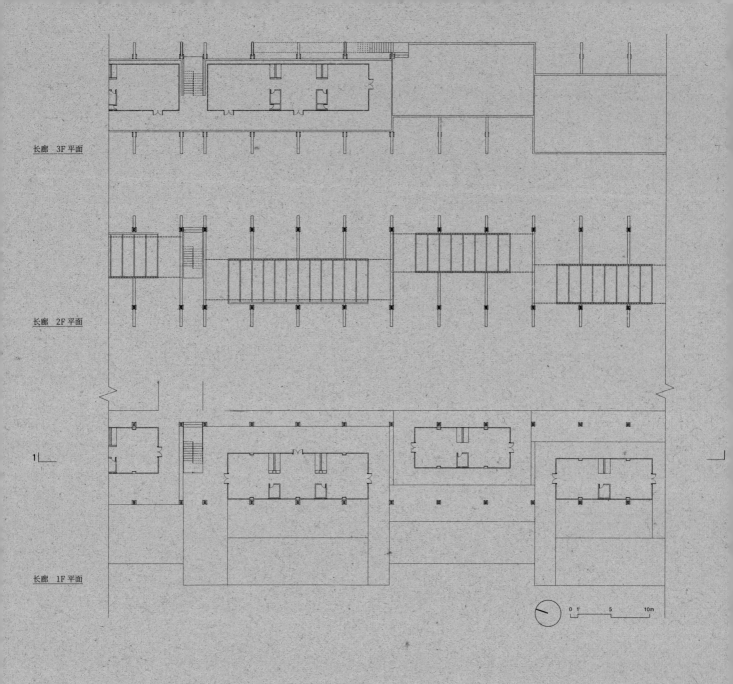

长廊　3F 平面

长廊　2F 平面

1

长廊　1F 平面

0 1　　　5　　　10m

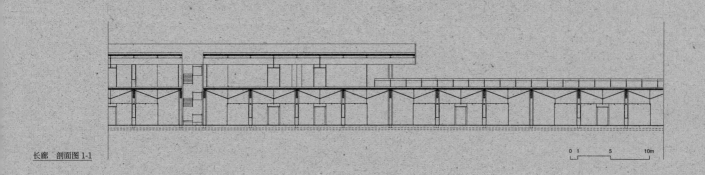

长廊　剖面图 1-1

0 1　　　5　　　10m

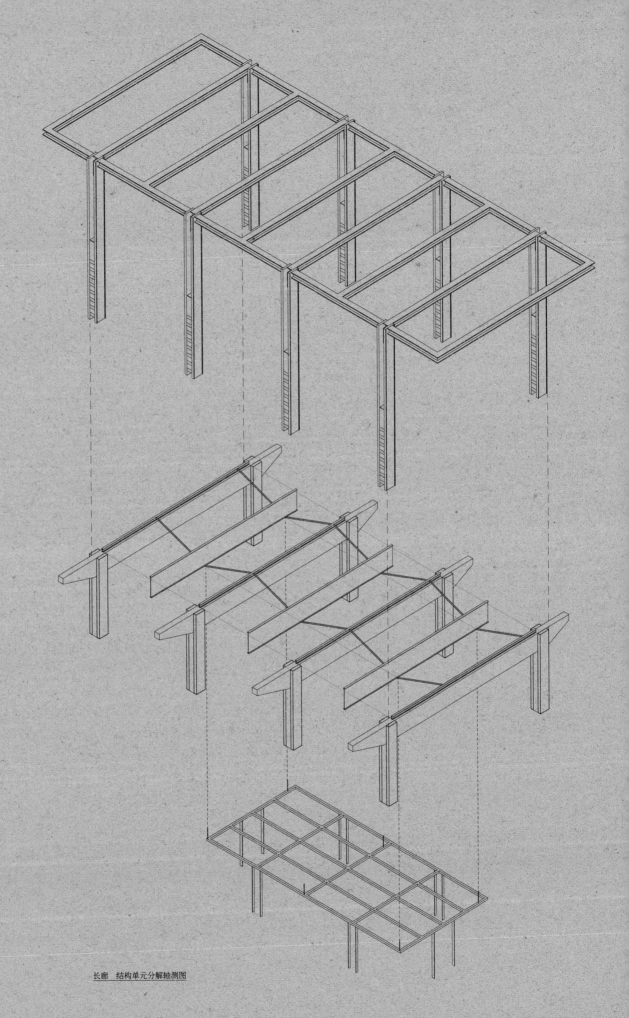

长廊　结构单元分解轴测图

结构模型

上海艺仓美术馆　上海艺仓美术馆滨江长廊
Modern Art Museum Shanghai, Riverside Walkway of Modern Art Museum Shanghai

上海艺仓美术馆　上海艺仓美术馆滨江长廊
Modern Art Museum Shanghai, Riverside Walkway of Modern Art Museum Shanghai

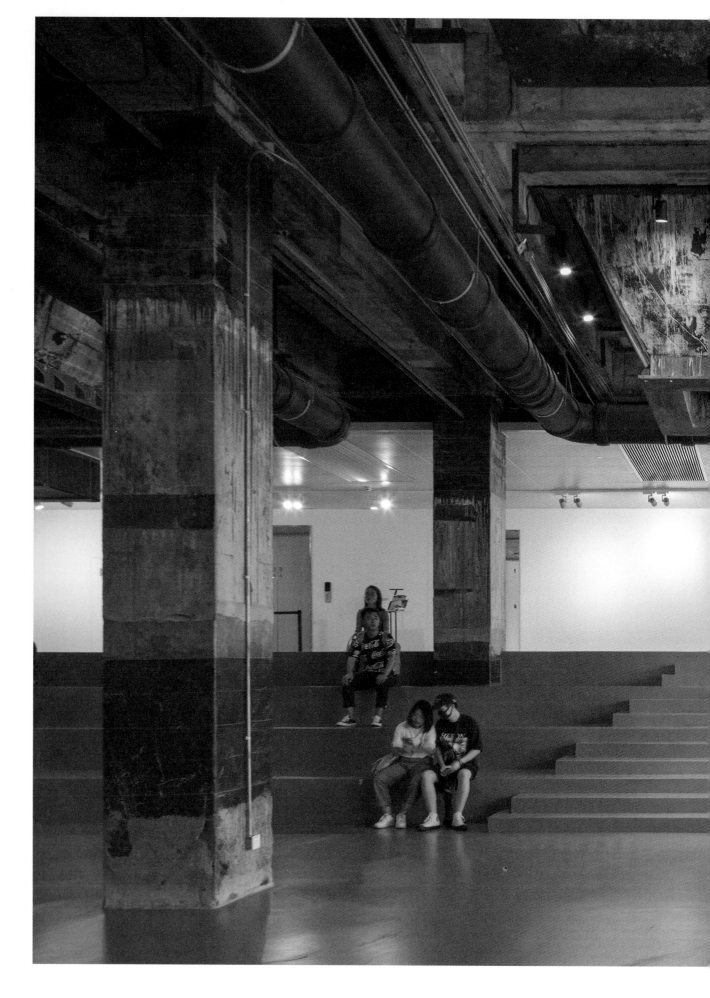

| 三层改造后的煤斗展厅 | | 螺旋楼梯 | 345 | | 底层展厅 | 346 |

从美术馆远眺江景

高架长廊下的玻璃盒零售空间　　　改造前的运煤廊道

项目地点：上海市徐汇区龙腾大道 2555 号
建筑面积：19m²
设计时间：2015.09-2015.12
竣工时间：2016.06
摄影师：田方方

例园茶室
Tea House in Li Garden

大约 110m² 的小院内，有一棵高高的泡桐树，树下院内拟修茶室一座，同时也是主人的书房。院子里还有两个和旁边办公楼相连的楼梯，可以让茶室和二层的会议室以及三层主人的办公室通过这些楼梯相连，作为平时自用或接待客人的地方。

院子不大，为了让茶室最小限度地侵占院子的空间，在位置经营上，首先让茶室尽量靠近院子西北角的泡桐树，树冠很高，所以直径约 90cm 的树干也将化为茶室内的重要空间构件。借助逼近的后墙，茶室后侧的小院空间也就有机会归入茶室的室内，从而可以尽量压缩茶室本身的体积。

为了把茶室占地的部分尽量缩小，首先对室内空间及其用途进行了精细的尺度划分，并最终表现为建筑构件的三层悬挑：第一层悬挑位于离地 45cm 的位置，作为座凳的水平板上部归为室内，下部归为室外，当然，在面对庭园的南侧，座凳被置于了茶室外侧；第二层悬挑位于离地 1.8m 的位置，这样可以相对扩大茶室的内部空间感受，而茶室的外部檐廊下也不会影响人的活动；第三层悬挑是屋面的覆盖，它在南侧、北侧和西侧都定义了不同的外部空间，茶室占地 19m²，而屋面覆盖则达到 40m²，向不同方向延展的屋面加强了茶室和庭园的空间关系。

设计着意选取了较细的结构杆件，无论竖向还是横向的结构构件，都采用了统一尺寸的 60mm 方形断面的钢管，它既是建筑的结构构件，同时也较好地适应了家具的尺度，从而与人的身体建立了更为亲密的关系。

屋顶是 8mm 厚的钢板，屋顶保温板上翻，并为了保持屋面钢板平整，由钢板反肋固定，室内考虑到灯光布线以及更好的保温效果设计了吊顶，屋面梁被隐藏在吊顶内，空调设备则被布置在了地板的下面。

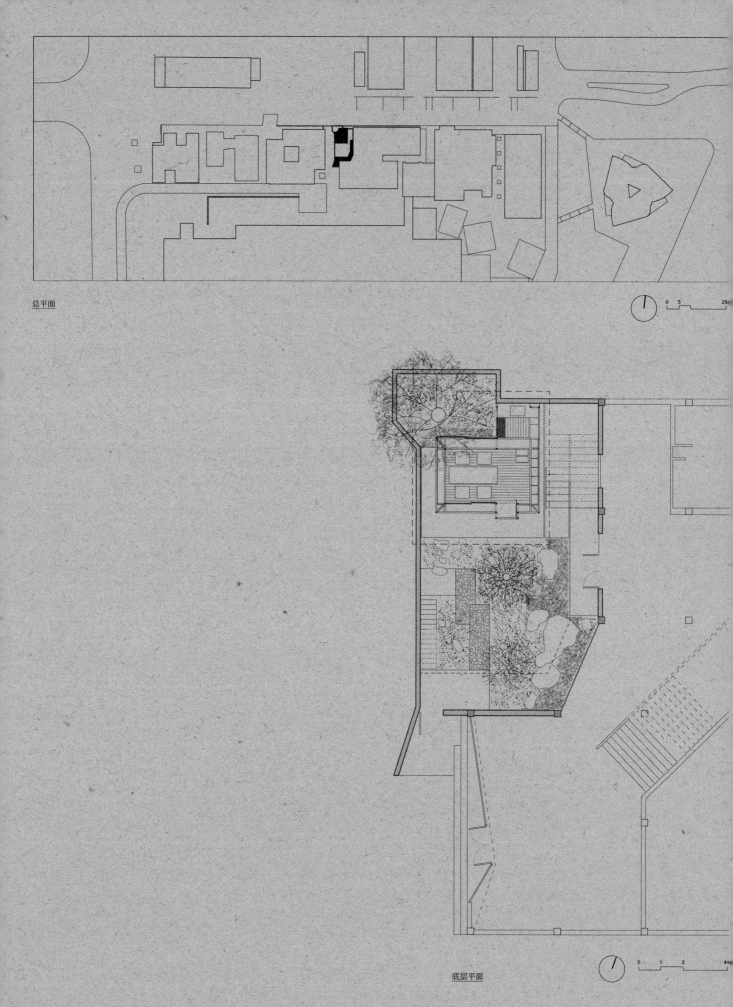

总平面

0 5 25

底层平面

0 1 2 4m

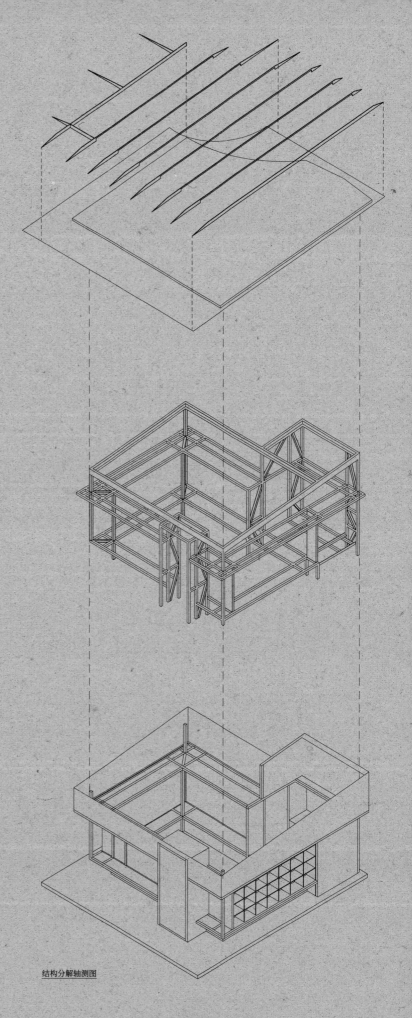

结构分解轴测图

模型

例园茶室

Tea House in Li Garden

|从前院望向茶室　　　　　　　　　　　　　　　　　|庭院局部

从内部看向主庭院

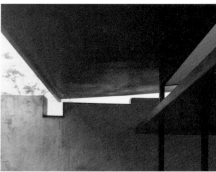

院中的茶室 　　　　　　　　　　屋顶结构局部 　　　　　　　　　结构局部 　　　　　　　**366**

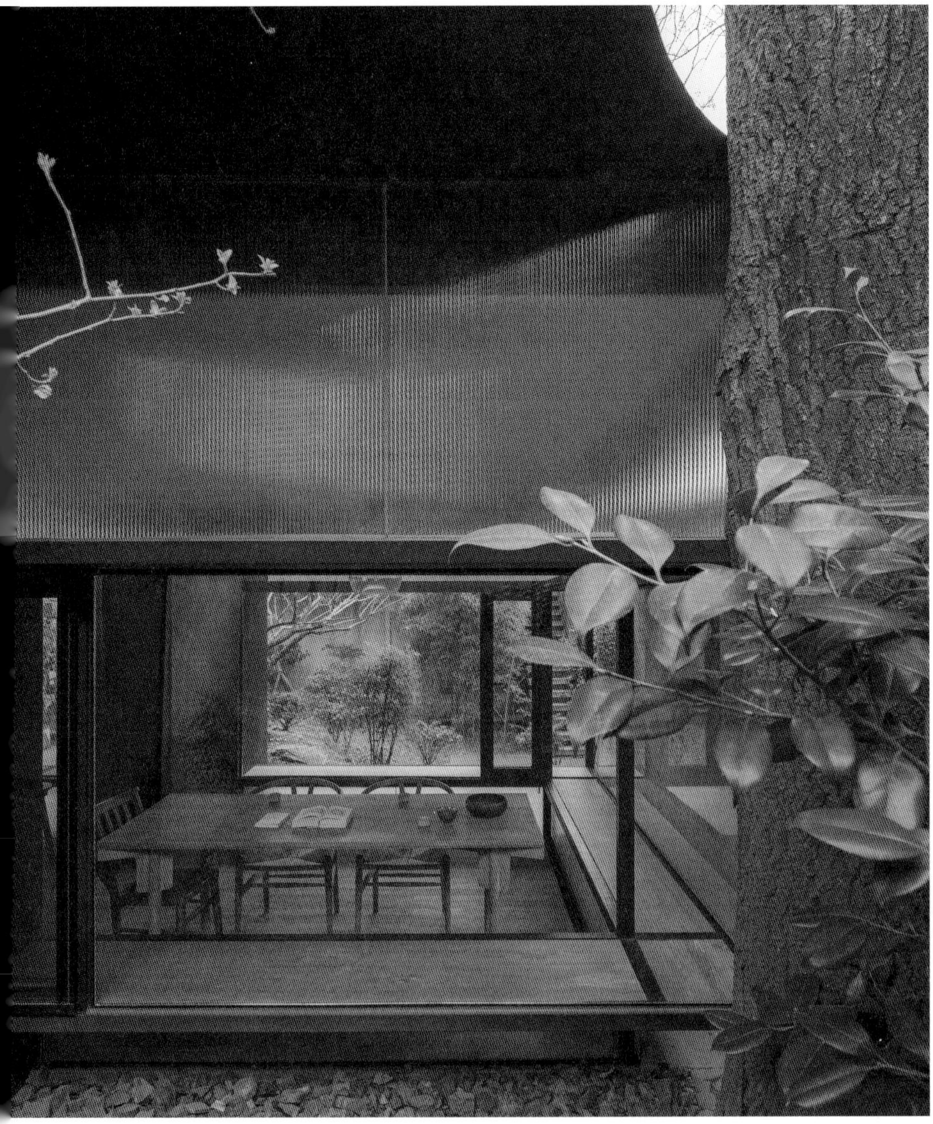

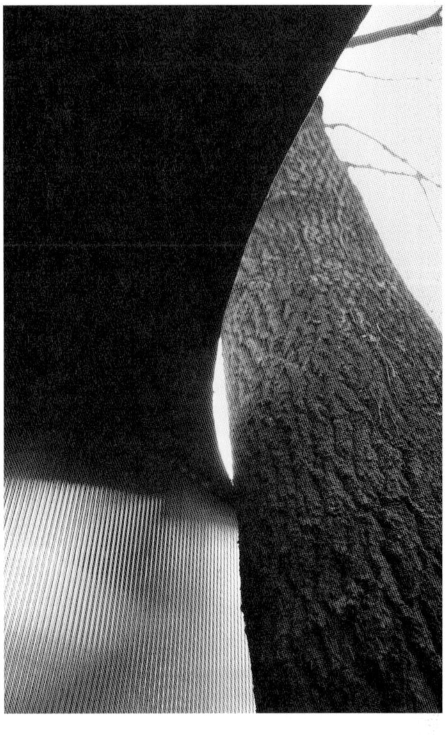

从泡桐树看向茶室

向茶室倾斜的泡桐树

上海民生码头八万吨筒仓艺术中心
80,000-ton Silos Art Centre

项目地点：上海市浦东新区民生路 3 号
建筑面积：16322m²
设计时间：2015.10-2017.10
竣工时间：2017.10
摄 影 师：苏圣亮、田方方

八万吨筒仓是上海浦东民生码头中保留工业建筑的一部分，原建筑建于 1995 年，作为不会再出现的建筑空间类型而具有历史遗产的保护价值。依据"适应性再利用"（Adaptive Reuse）的原则，建筑师协助业主在确定项目的开发方向上做了大量的前期策划与研究工作，从满足区域发展和空间本身的特点两个层面出发去为既有的空间寻找恰当的用途，最终确认把八万吨筒仓的改造方向定位为多功能的艺术展览空间。艺术文化活动在上海近年的城市更新中已经成为公共空间营造的主要动力，而展览空间因为可以适应比较封闭的空间，能最大限度地符合现有筒仓建筑相对封闭的空间状态。

2017 年的上海城市空间艺术季选择了八万吨筒仓作为活动的主展馆，但是仅仅只是一个 3 个月的临时展览计划。空间的改造需要在半年内快速完成以满足艺术季展览的需要，同时也要兼顾未来继续改造的计划。

本次艺术季主要将筒仓建筑的底层和顶层作为展览空间，由于筒仓建筑高达 48m，要将底层和最顶层的空间整合为同时使用的展览空间，就必须组织好顺畅的观展流线，同时也要增加必要的消防疏散等设施。筒仓建筑因为原本工业生产功能的特点呈现着强烈的封闭性，如今要改为公共文化建筑又必须赋予一定的开放性，化解这个矛盾的主要办法是通过在筒仓北侧外挂一组可以将三层的人流直接引至顶层展厅的自动扶梯，这样既解决了交通问题，人们在参展的同时也能欣赏到北侧黄浦江以及整个民生码头的壮丽景观。除了悬浮在筒仓外的外挂扶梯，筒仓本身几乎可以不做任何改动，极大地保留了筒仓的原本风貌，同时我们又能看到重新利用所注入的新能量。

这组外挂扶梯重新定位了八万吨筒仓的位置：通过引入浦江景色去揭示它坐落在黄浦江边的这一事实，同时将滨江公共空间带入这座建筑。建筑公共性由此获得。这组扶梯也为筒仓中部的空间未来被改造为展览空间预留了接口。事实上，在后续的改造设计中，30 个直径约 12.5m 的仓筒将被部分从内部切割、连通，成为从不同标高可以进入的立体的展览空间。

未来，随着从江边直上筒仓三层的粮食传送带被改造为自动人行坡道，一个从江边可以直接上至筒仓顶层的公共空间将得以建立。

区位图

0 10   50   100m

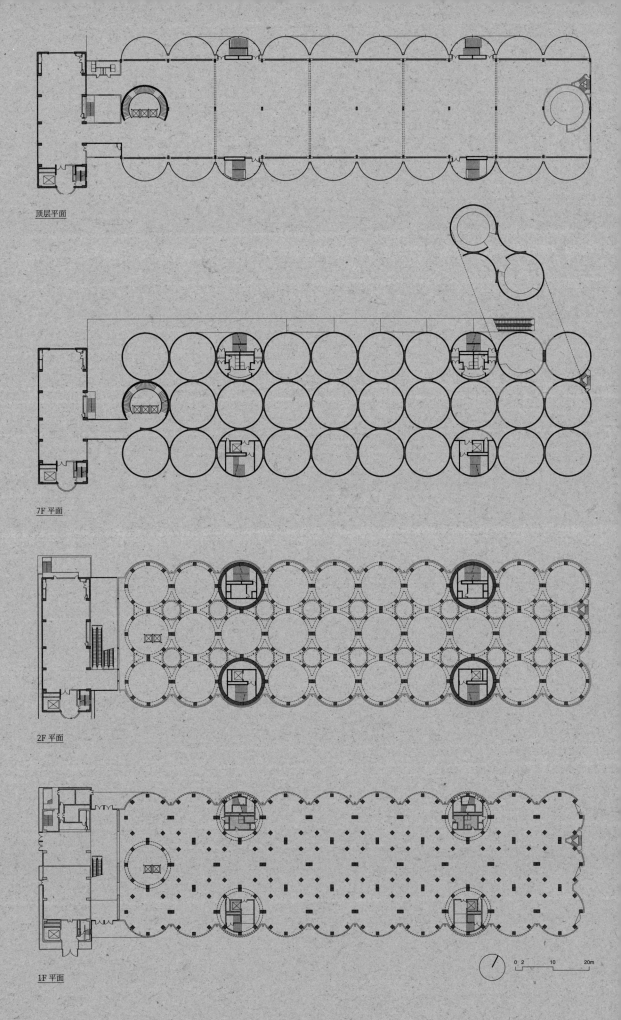

顶层平面

7F 平面

2F 平面

1F 平面

0 2 10   20m

模型

上海民生码头八万吨筒仓艺术中心
80,000-ton Silos Art Centre

上海民生码头八万吨筒仓艺术中心
80,000-ton Silos Art Centre

底层展厅

外挂的扶梯底部是与艺术家展望合作的作品

琴台美术馆

Qintai Art Museum

项目地点：湖北省武汉市汉阳区知音大道
建筑面积：43000m^2
设计时间：2016.05-2018.09
竣工时间：2021.10
摄 影 师：田方方、苏圣亮

琴台美术馆位于武汉市汉阳区的月湖湖畔，南面隔湖相望是梅子山。为了减轻建筑体量对自然湖面的压迫，向湖的方向采用了起伏的自然地形造型，同时将部分展览空间压入地下，既充分利用地下空间，又减小了地面建筑体量。而面对城市道路这一侧则仍以垂直的建筑立面建立了建筑的城市性。

起伏的屋面以略显抽象的等高线阶梯状造型完成，阶梯的侧面是银色的金属表面，顶面则为白色的石子和低矮的绿植，有蜿蜒曲折的屋面栈道在穿行。屋顶栈道是完全对公众开放的，它联系了月湖公园，也串联了美术馆的展厅出口、公共教育空间、艺术品商店、咖啡厅等不同的公共空间，从而形成了独立于美术馆展览空间之外的公共空间系统，人们的活动也成为建筑表面的一部分。

美术馆建筑的介入重新定义了月湖南岸的城市空间。建筑西侧预留城市广场，未来与规划中的武汉图书馆和戏剧中心相呼应，建筑的主入口以及文创空间等公共性强的功能都被设置在这一侧，这一侧建筑立面呈微微的内凹曲线，与广场呈围合之势，从广场上由坡道直接联系二层的咖啡厅与屋顶庭院，建立了能在美术馆闭馆后继续营业的部分空间的公共流线，在运营的层面加强了美术馆的开放性和建筑的城市性。

大厅的空间和起伏的屋顶造型结合，塑造了独一无二的展览空间。当代艺术展厅的空间采用了漫游式的展墙布局，不再是单一的观展路线，展墙既是展览的墙面，也是起伏屋顶的支撑结构。美术馆内的当代艺术展厅、现代艺术展厅、古代艺术展厅以及特展展厅在观展流线上均可各自独立，亦可连续串联，具有非常好的功能灵活性。

区位图

0 10　　50　　100m

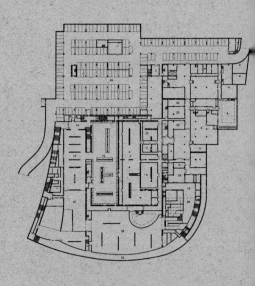

1F 平面

0 5 10　25m

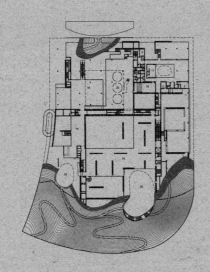

4F 平面

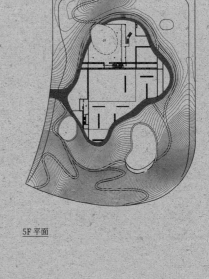

5F 平面

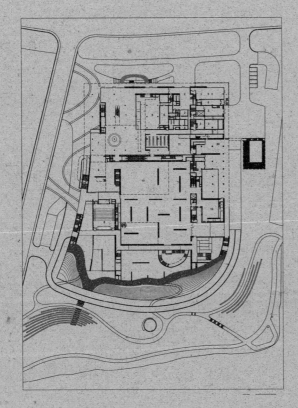

2F 平面

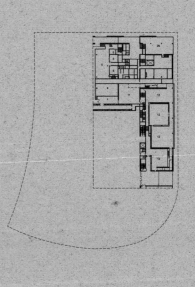

3F 平面

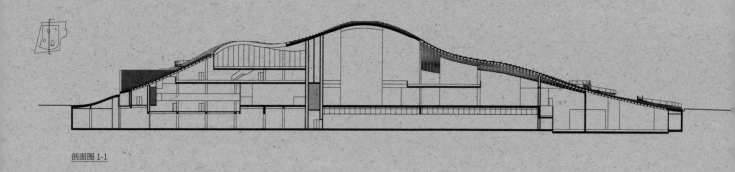

剖面图 1-1

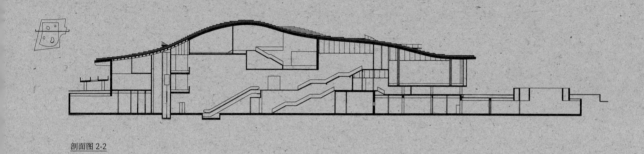

剖面图 2-2

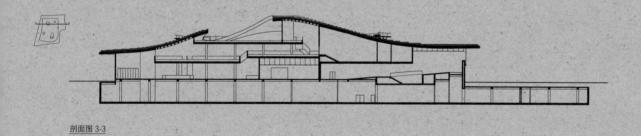

剖面图 3-3

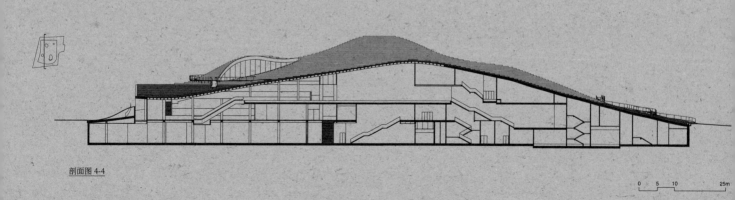

剖面图 4-4

0 5 10   25m

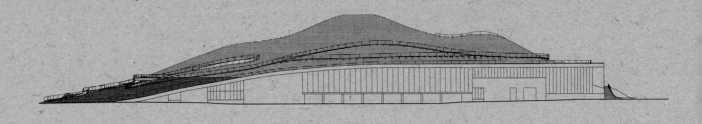

东立面

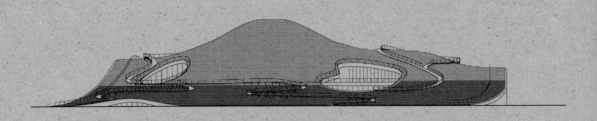

南立面

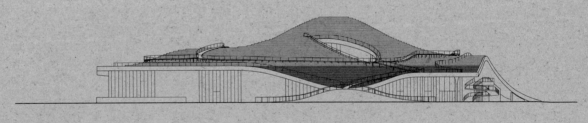

北立面

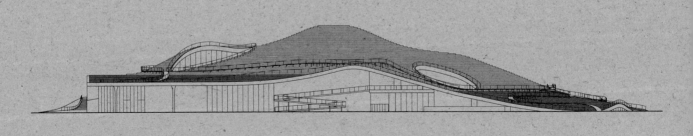

西立面

0   5   10   25m

387

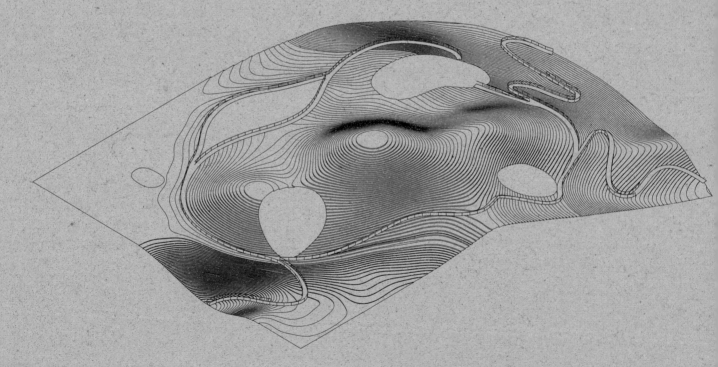

轴测分解图

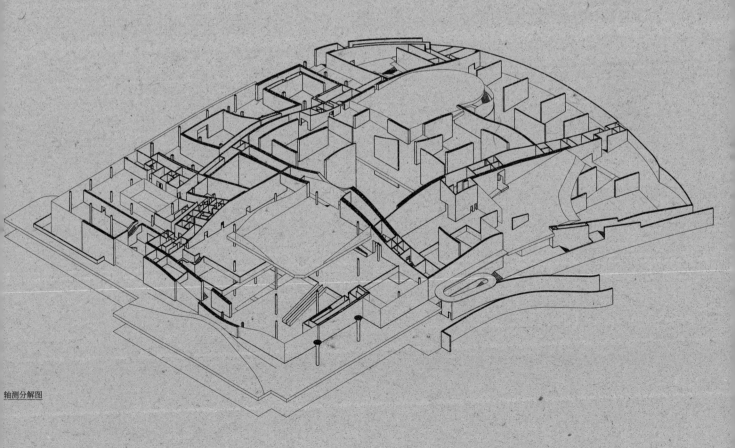

轴测分解图

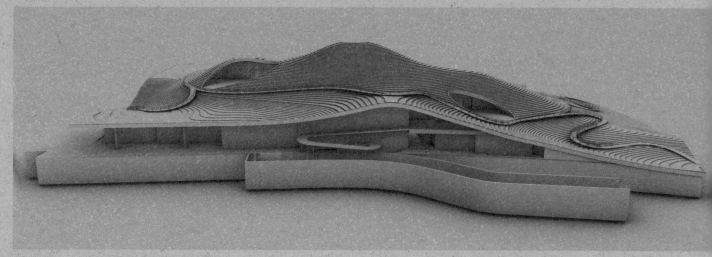

模型

琴台美术馆

Qintai Art Museum

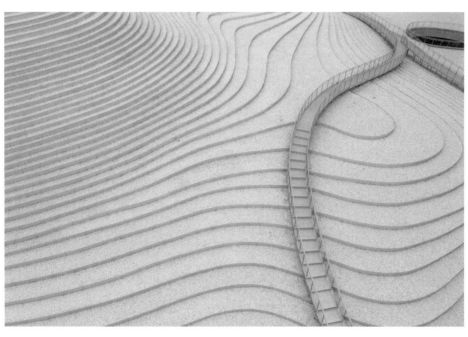

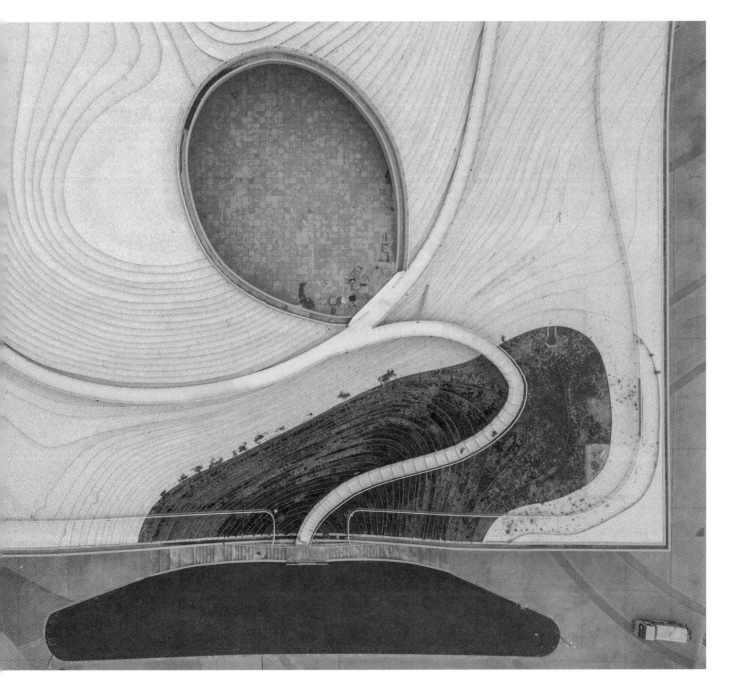

当代艺术展厅首层　　　　　　　　　室内局部　　　　　　　　　顶棚与墙体　　　　　**404**

地下一层特展厅

当代艺术展厅二层

当代艺术展厅二层

项目地点：北京国家体育场（鸟巢）南广场
建筑面积：160m^2
设计时间：2016.01-2018.04
竣工时间：2018.09
摄 影 师：田方方、吴清山

后舍
House ATO

这是 2018 年在北京举行的 House Vision 展览中的空间装置，意在通过这一装置，表达对人类生活与居住空间变化的思考。

20 世纪 80 年代以前的中国，由于居住空间紧缺，人们生活空间的集体性特征明显。沿走廊呈一字排开的厨房、公共的浴室和洗衣槽几乎就是如今共享空间的雏形。普遍窘迫的生活空间内，中国的家庭之间却有着丰富多彩的邻里关系。80 年代以后的住宅建设，为了获得更多的私有空间，公共空间被无限挤压，一梯两户的单元住宅导致邻里间几乎老死不相往来。近年随着互联网社交网络的兴起，人际互动忽然成为新一代日常生活的重要组成部分，人与人之间的关系正在重新定义。

长久以来，居所早已成为人类身体的延伸。仔细观察，你会发现有关人类建造的深层结构几乎从未变过。从洛吉尔的原始棚屋到中国绵延四千余年的木构建筑，再到密斯设计的范斯沃斯这样的现代住宅，构成建筑的要素始终可以简化到构成汉字"舍"的三个部分：亼（屋顶）、中（支撑）、口（基座／围墙）。很明显，人类建造的历史要比文字来得更为久远，"亼中口"，这三个要素的构成似乎已经可以成为一种源隐喻（root metaphor），它可以跨越不同的文化而存在。

后舍的设计就是这三个要素的极简演绎，它有着当代技术下的结构——5cm×5cm 的纤细方柱，5cm 厚的超薄屋顶——技术带来了形式的变化却并不改变深层的空间构成。而生活的变化则被我们写在了建筑的"脸上"，10 个可换可变的家具盒子作为生活的功能空间被直接抵至最外层，成为建筑围护的一部分，它暗示着当代生活空间日益增长的开放性。

后舍的空间分为三个由外而内的层次：开放外向的檐下空间、可开可闭的家具延展空间和最私密的卵形浴室空间。檐下和家具延展空间在白天可以是咖啡厅、拉面店、理发店、会议室等，晚上阖上开放功能的盒子、翻出家庭功能的折叠组件就又变回了私密的家。它是携带着主人特别性格和生活定义的家具，它同时也是一处邻里空间，正如"舍"字本身所携带的集体性——"市居曰舍"。

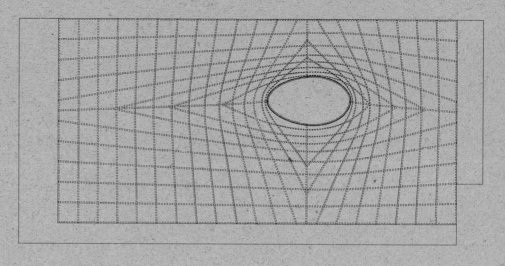

屋顶平面

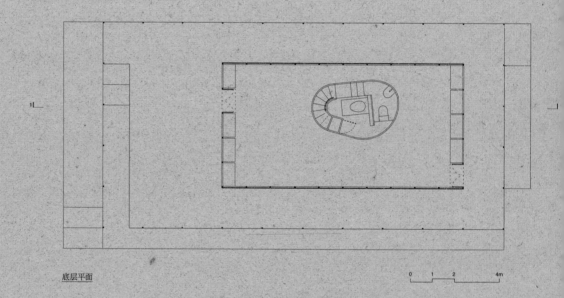

1

底层平面

0 1 2   4m

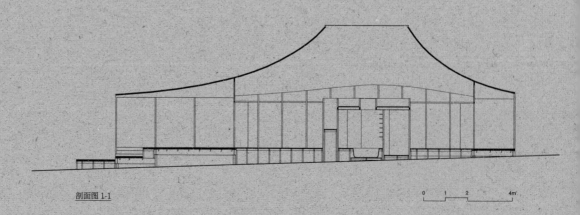

剖面图 1-1

0 1 2   4m

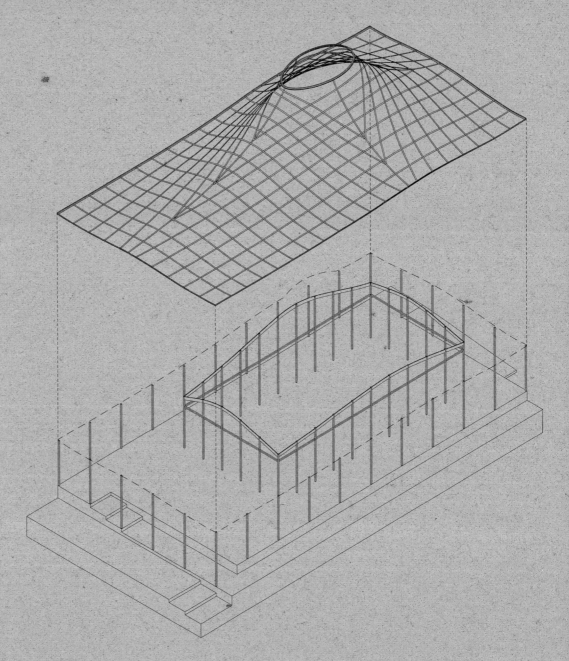

轴测分解图面

411

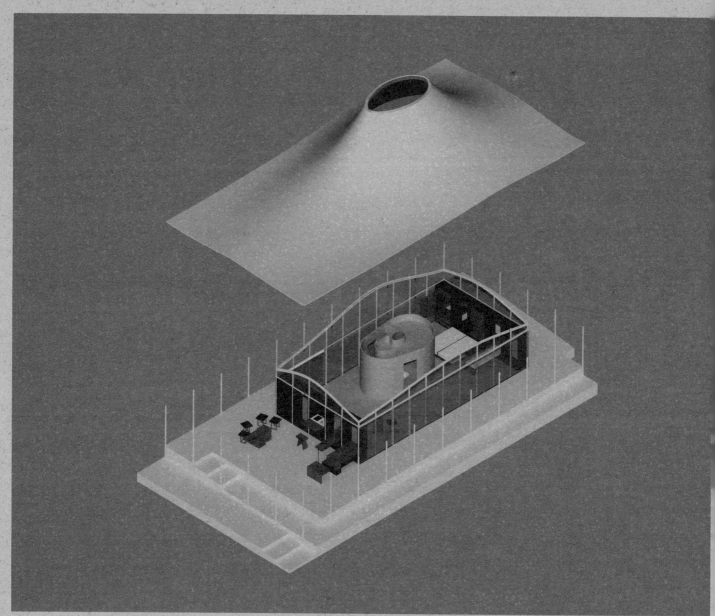

结构分解轴测图

后舍
House ATO

项目地点：上海杨浦区杨树浦路 2524 号
建筑面积：268m^2
设计时间：2018.03-2018.11
竣工时间：2019.10
摄 影 师：田方方、陈颢、柳亦春

边园

Riverside Passage

项目的场地原本是为运送生产煤气的原料而设的煤炭卸载码头。码头上约 90m 长 4m 高的混凝土墙是为了防止煤炭滑落水中而设计建造的，如今这一功能已经丧失，长墙便成为沉默且颓然的存在。长墙本有两堵，沿江的一堵早被拆除，就近填入了码头和防汛墙之间的缝隙里。沿着残留的长长的混凝土墙体，草籽落入覆盖着煤块、混凝土块和尘土的缝隙，长成参天大树，与长墙相互依存，成为废墟般特殊意义的风景，这种风景正逐渐从上海近年的一种精致化倾向的城市更新中逐渐消失。作为一个由工业用途转为城市公共空间的水岸更新项目，保持住既有的风景特质明显是重要的，这是上海过去大半个世纪繁忙的工业活动的历史见证。

新的建造将那堵长长的坚实的混凝土墙作为继续建造的基础，一个具有地基意义的基础，或者说是一个基座，把一个跨越防汛墙和码头缝隙、穿越那荒野的树的坡道连桥、一个腾空的长廊、一处可以闲坐的亭，都附着在这堵坚实的墙上。一个单坡的屋顶，有效地定义了墙内墙外的空间，墙内对着码头和岸边缝隙里带有荒废感的花园，是落地的檐廊，墙外则是挑空的看江的高廊，一边是压低的，一边是扬起的，暗示了观看尺度和远近的不同。

失去卸煤功能的空旷码头被打磨成了光滑的旱冰场，它和看江的廊又构成另一重近距离的空间对应，于是地面、墙体与介入的结构物一同形成了新的整体，人们可以任意停留或穿过，昔日的煤码头成为今日都市闲逛者的场所，纤细的钢结构柱梁如一个个风景的框，在人们的移动中，框出不同时代的证物——热电厂的烟囱、色彩鲜艳的龙门吊、潮水洗刷来洗刷去的污泥中的混凝土块、江对面开始出现的高层建筑和远处的桥及其他。

区位图

0 10   50   100m

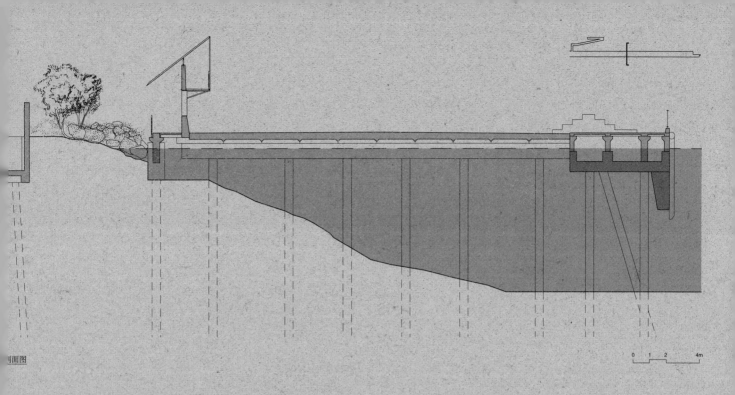

剖面图

0 1 2 4m

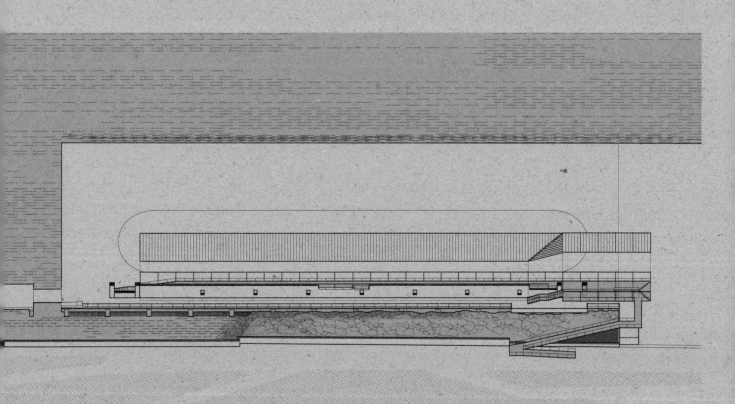

正轴测图

421

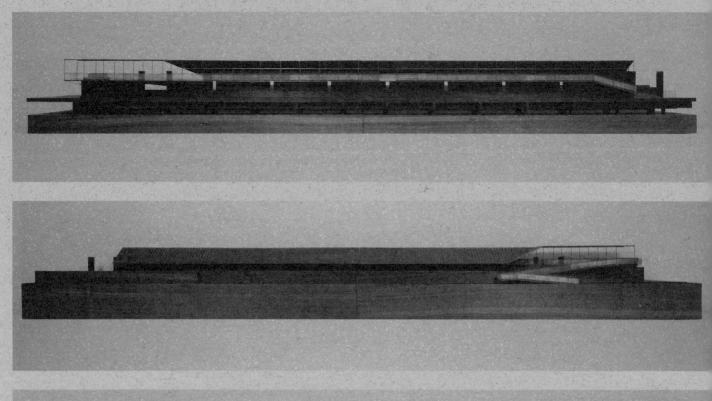

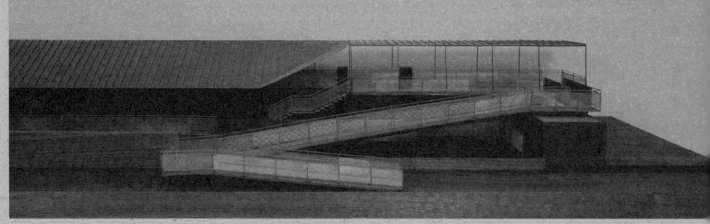

模型

边园

Riverside Passage

改造前的长墙与缝隙

从二层长廊望向旱冰场与江面

北端头

局部

墙、窗洞与屋顶构成新的整体

文人的回归

李士桥

大舍建筑设计事务所（Atelier Deshaus），以及其他中国的建筑事务所，例如非常建筑（张永和）、家琨建筑设计事务所（刘家琨）、李晓东工作室（李晓东）、业余建筑工作室（王澍和陆文宇）、标准营造（张轲）等，不仅创作了诸多迷人的建筑作品，更代表了中国文人的回归。建筑师的概念是围绕身份的文化原型而构建的，而对于建筑师这一概念的主流理解似乎建立在几个源于欧洲文化背景的原型之上：英雄，圣徒，先锋派和专家，每个角色都对建筑有着特定角度的推动作用。英雄起源于希腊神话，是神灵和凡人的后裔。他们生活在人类之中并具有全方位的身体素质和智力——兼具运动员、教皇秘书、诗人、艺术家、建筑师、哲学家身份的莱昂·巴蒂斯塔·阿尔伯蒂（Leon Battista Alberti, 1404-1472）便是这种为欧洲文艺复兴所崇尚的英雄式人格的代表。而在罗马帝国灭亡后，圣徒则随着基督教信仰的兴起而不断涌现。神秘的东方冥想，希伯来的圣书传统，以及神职人员的兴起创造了一种宗教环境。在这种环境下，执着对抗诱惑的人获得了至高无上的道德和审美地位。米开朗琪罗（Michelangelo, 1475-1564）以他高超的技艺在诗歌、绘画、雕塑和建筑物中所表现的备受折磨的状态非常接近这种存在形式。先锋派伴随着现代性的兴起，顽强而无所畏惧地坚持通过震慑人心而令人愉悦的理性思想、研究和艺术作品来抵抗传统。勒·柯布西耶（Le Corbusier, 1887-1965）作为一个前卫建筑师，凭借其夸张而大胆的空间构造宣布了现代建筑的新道德和美学前景。而审慎的专家已成为我们这个时代的重要原型。早在 19 世纪，柏林大学的洪堡模型中已经明显有专业化的趋势。专家或许已成为确保科学技术发展硕果累累，为不断积累的资本而服务的最有价值的人，这也是我们当前的资本主义和消费主义世界体系的基础。诺曼·福斯特（Norman Foster, 1935-）带领的专业建筑师团队所设计的令人惊叹的钢、玻璃和混凝土结构为方便和卫生的问题提供了优雅的解决方案，使得最终的建成建筑充满了效率时代所崇尚的新鲜空气、光线和宽敞的空间。如今，建筑师们在这些不同的原型之间定位实践、构思设计，借以寻求一种坚实的专业实践基础。

文人的兴衰

尽管中国在 20 世纪引进了欧美式的建筑专业，但脱离了欧洲传统的土壤，这些文化原型似乎很难在中国顺利嫁接。中国有两套传统的身份原型：第一套是士、农、工、商的人物构造，包含着每一类人固有的价值等级，这与欧洲背景下的阶级大有不同；第二套是掌握权力的官、充满勇气地将及拥有智慧的文人的三重建构。总体而言，士或文人占据了文化价值的中心，这种身份聚思想、精神、勇气和知识于一身。书生文人的形象可以说是中国最受推崇的角色。他们能够以优雅的诗词夹杂着博学的文采来博取众悦，也能巧妙布置移步换景、变幻莫测的古典园林。文人的形象很大程度上构成了对中国的文化遐想。勇敢的屈原（公元前 340 - 前 278）、欢悦的李白（701-762）、爱国的杜甫（712-770）、坦荡的白居易（772-846）等被中国文化所颂扬的不计其数的成功文人意象与西方的英雄、圣人、先锋派、专家截然不同。而 20 世纪的文学巨匠鲁迅（1881-1936）、朱自清（1898-1948）、巴金（1904-2005）、丁玲（1904-1986）、张爱玲（1920-1995）等则构成了当代中国对文人的想象。

在中国社会尚文的环境中，文人也有一条通往政治权力的道路。在传统语境中，这就是所谓的"士大夫"，而为朝廷确保士大夫地位的制度则是文官科举制度。这一制度大约从 7 世纪开始实施，直到 1905 年废除。这套严苛的考试中最尊贵的学位是进士，中举之人可以在朝廷行政部门获得高薪且备受尊重的职位。这种制度曾经受到伏尔泰（Voltaire）、莱布尼茨（Gottfried Wilhelm Leibniz）等欧洲启蒙思想家的极大推崇，因为他们认为这样可以将人才和官僚制度与血统继承分开。中国最具代表性的爱情故事，如 13 世纪的《西厢记》和 16 世纪的《牡丹亭》都以年轻的有志之士作为主人公，他们在故事中参加科举考试，并展现出成功士大夫的才能和潜力。中国最为惊艳的园林也往往是由文人官吏所建造，这也构成了士大夫这一特殊阶层在空间设计上的重要表现。

1905 年科举制度的废除也许是中国半个世纪以来受到全球地缘政治发展的巨大压力而对其传统体制失去信心的最强烈表现。与中国文化生活的其他方面一样，科举考试制度在中国满族血统下的最后一个皇朝——清朝（1644-1911）的统治下逐渐僵化。与此同时，欧洲却通过科学、农业和工业变革的迅速崛起，经济空前发展，开始了全球扩张。欧洲国家通过鸦片战争（1839-1842）获得了进入中国的贸易机会——这对建立欧洲资产阶级所渴望的全球贸易体系至关重要。尽管大多数中国知识分子希望维持传统文化，然而传统体制却在中国相继崩溃。梁启超的改良运动带来了大量欧洲思想，并重新定义了儒家思想以适应封建制度的改革。孙中山和毛泽东则更彻底地进行了改革。鲁迅的小说和生活也许最能生动地反映出中国文人受到的冲击。他本人作为一个传统文人，在对中国新时代的适应中逐渐建构了一个"文人 - 英雄"和"文人 - 先锋"的双重身份。

1949 年以后，文人经历了更为剧烈的转变——他们被改造为社会的"知识分子"，并由于其与农民文化的脱节而在"文化大革命"（1966-1976）中被作为改革的对象。12 世纪的建筑手册《营造法式》被再发现的故事，以及宾夕法尼亚大学毕业生、中国建筑师梁思成（1901-1972）和林徽因（1904-1955）夫妇的经历，都体现出中国文人身份的激进转型在建筑领域所带来的复杂局面。20 世纪 80 年代中国青年先是被欧美传统下的英雄、圣人、先锋派和专家的建筑师原型所吸引，而这也就是当下正在塑造着中国建筑的一代人。中国的建筑师们用了 40 年的时间，内化了当代建筑实践的需求和 20 世纪中国文人身份深刻而剧烈的变革，并重新塑造了自己作为文人后裔的形象。他们出生于"后文革"的荒原之上，为欧美建筑所着迷，同时又不顾一切地追寻着当代语境中的中国建筑传统。他们代表了对中国文人传统自觉而又坚定的回归。

柳亦春与"新文人"

柳亦春出生于 1969 年。在中国建筑业或许是最深刻的变革中,他以最激越的方式体现了这种文人的回归。在同济大学学习建筑学时,柳亦春就痴迷于欧美的建筑和文化。他热爱摇滚乐和世界文学,学习了德语,并在同济接受了以现代主义为主的建筑教育,而非当时多数中国院校中盛行的布扎系统。毕业后不久,柳亦春与庄慎、陈屹峰于 2001 年共同成立了大舍建筑设计事务所——其英文命名(Atelier Deshaus)充满了德语文化色彩。事务所早期的作品"三联宅"(2003 年)是一个不折不扣的现代主义作品,这个房子在当时非常流行的伪欧式住宅群中无所畏惧地保持着自己的冷静。

然而,大舍的中文名字则源于完全不同的文化参照:汉字"舍"由屋顶、支撑和基座的组合抽象而来。柳亦春的父亲柳士同先生作为"失落的一代",受到当时对于改造知识青年道德和审美观念的社会影响,到农村里跟农民们一起劳作而错失了上大学的机会。后来,在知青允许回城之后,柳士同在雨伞厂工作,并且在中学里当语文老师,在业余时间里完成了大学教育。他热衷于诗歌和文学,并与当时一起下乡的诸多文艺人才建立了长久的友谊。他出版了诗集、小说和其他文学著作。他订阅了中国最重要的文学期刊,"文化大革命"后的富有创造性的中国文学作品大多刊登在这些期刊上,他还收藏了大量伟大的文学作品。柳亦春就是在这些文学友谊、书籍和期刊的陪伴下长大的。

和许多中国孩子一样,柳亦春在父亲的指导下背诵形式严谨的唐诗,但他本人更喜欢格式相对自由的宋词。父亲在各个方面对文学的热爱对柳亦春产生了潜移默化的深刻影响,这也是他后来接触世界文学的基础:歌德的《少年维特的烦恼》、霍桑的《红字》、勃朗特的《呼啸山庄》、司汤达的《红与黑》、福楼拜的《包法利夫人》、托尔斯泰的《复活》和《安娜·卡列尼娜》等。柳亦春个人最喜欢的是茨威格的《昨日的世界》。这些文学经典在被禁十年之后,在 20 世纪 80 年代的中国青年中激起了巨大的热情,即使他们阅读的是中译本。这种知识构成非常独特,并且构成了中国新文人阶层的重要基础。如果说世界文学在"后文革"中国的到来是唐突而剧烈的,那么传统文人的回归则是缓慢而深刻的。

其中,最早获得国际认可的是那些一有机会就马上去欧美留学的人。曾就读于美国保尔州立大学和加州大学伯克利分校的张永和,成立了新中国第一家私人建筑事务所:非常建筑,并让世人预见到了新文人的风采。作为一位有着非凡概念的思想家和设计师,张永和深刻的建筑思想、斐然的中英文写作才能和谦虚的幽默感交织在一起,与传统中国文人的一些性格特征相仿。或许正是这种特质对国外的建筑学院有着特殊的吸引力:张永和曾担任哈佛大学设计研究生院丹下健三讲座教授和密歇根大学埃列尔·沙里宁讲座教授,后来又出任麻省理工学院建筑系主任。李晓东曾就读于清华大学和代尔夫特理工大学,其在农村里惊艳的慈善项目于 2010 年获得了"阿卡汗建筑奖"。通过田园式的远离尘嚣,李晓东用自己的设计批判了中国大量生产的普通建筑和欧美对空间的工具化理解,同时又有着深刻的中国性。另一位毕业于清华大学、曾就读于哈佛大学设计研究生院的建筑师张轲,则凭借对西藏和北京当地材料、空间和历史独特的敏感,于 2017 年获得阿尔瓦·阿尔托奖。尽管世界上许多伟大的设计作品都在探索建筑的在地性和材料性,但是张轲的演绎却独具一格，与中国的文人情怀遥相呼应。

这些建筑师在国际舞台上交流其设计作品的技巧可圈可点，但更重要的是与此同时建筑师在中国本土的出现。这些建筑师并没有利用外语能力和国外生活经历，而是通过他们对中国古老传统更深刻的理解，来投身于批判地推动中国文化的复兴；正因如此，他们开拓了更独特的方式来创造批判性的工具。尽管长期以来，这种背景被看作是一种劣势，但是现在，其扎根于中国文化的属性显然是他们原创性的重要源泉。作为作家和建筑师，刘家琨代表了创造性实践在当代中国的形成：他认为建筑既不是开始，也不是终点，而是对连续的、流动的物质和空间的持续干预。刘家琨说他"不追求理想的生活和环境"，彰显了包括儒家和道家在内的中国思想的一个最鲜明的特征，即不考虑"存在"和"成为"的问题。中国的新文人集中于8世纪到16世纪之间的文化形态，即唐、宋、明三朝留下的巨大的诗、文、画、园林遗产。优秀的文人传统最为集中的地区被称为江南，大致在今天的江苏、浙江两省，因为这里有丰富的水路、温和的气候、世袭的财富和深厚的知识背景。在这里，我们发现文人园林或许是江南文人生活最有力的展示，并可以与欧美理论和实践形成启发性的对比。在中国，这一代建筑师面临的主要困境在于大量平庸的建筑和城市区域的快速建设。虽然受到欧美建筑的启发，这些建筑既没有新意也不是传统中国建筑。王澍和陆文宇通过回归中国传统与自然的诗意互动来对抗时代的普遍平庸。作为中国美术学院建筑学院院长，王澍聚集了一批才华横溢的年轻建筑师和研究者，他们在新世纪的背景下推动着中国建筑的发展。还有很多人也以相似姿态回归：北京大学的董豫赣、同济大学的童明、东南大学的葛明等人建立了一个学术平台——"与会系列"，通过中国思想框架来重构当代建筑理论和实践。"与会系列"的第一卷《园林与建筑》（2009）囊括了西方中国哲学研究者罗杰·艾姆斯（Roger Ames）、大卫·霍尔（David Hall）、艺术理论家罗莎琳·克劳斯（Rosalind Krauss）和景观建筑师詹姆斯·科纳（James Corner）的译著，借以刻意疏离中国园林的规范化历史研究，并引入高度理论化的视角。作者们不只希望再现中国传统建筑，而是力求将其置于欧美建筑理论和实践的批判性语境中加以改造。

这种对中国文人建筑的探寻进一步体现在金秋野、王欣于2014到2018年间受明代园林启发而出版的三部《乌有园》（Arcadia Series）上。这些书籍的出版，探讨了中国知识分子语境中绘画与园林、幻梦与真实、观想与兴造的关系。与2009年的"与会系列"不同，这个系列更关注中国文人及其环境设计，囊括了关于园林理石的高深技巧，并创造术语来捕捉中国空间秩序和诗意体验。书中收录了董豫赣的北京红砖博物馆（2014年）、李兴钢的绩溪博物馆（2013年）、葛明的微园（2015年）等众多项目。这些项目以实际的建成物表现了中国文人的回归对中国新建筑的意义。

2017年，王澍和王欣在中国美院民艺博物馆举办了一场构思巧妙、别开生面又具有原创的中国性的展览。这个展览围绕着5个"场景"展开：屋山望远、入川眠波、出入图画、一角容膝、别壶去处。两位策展人结合自己的文人实践经历，为中国文人的文化生活注入了强大的活力和现实意义。如传统文人那样，王欣通过命名一系列与中国空间秩序相关的诗意体验，为展览布置了既有浓厚的中国特色，又具有可感知的当代属性的空间。与封建帝制下的中国学者不同，这一代建筑师对欧美影响的态度更加开放——20世纪的动荡让他们不再畏惧修改传统、与古为新。

柳亦春积极参与了其中的许多活动，但有所不同的是，在中国这批建筑师中，他也许是最不关心参照传统中国的物质形态，而最感兴趣中国固有的空间秩序的人。中国的空间秩序以物为基础，同时又是流动的，是一种诗意的发明的结果。它考虑到了建筑、材料和地方的不同特点。然而，它并不是构造学原理或理论阐述意义上的方法论。柳亦春对当代材料的热爱和对中国设计的热情使得他的作品比其他许多直接引用材料属性的中国建筑更有吸引力。2005 年，大舍在上海的第一个独立项目夏雨幼儿园便融会了苏州网师园的空间秩序。夏雨幼儿园位于上海青浦区，这是上海在 21 世纪初的城市扩张下产生的第一批新城镇之一。与许多青睐欧式风格的其他新城镇（如泰晤士小镇）不同的是，青浦区被规划为了一个江南风格的新城镇。夏雨幼儿园以及江苏软件园吉山基地（2008 年）、青浦青少年中心（2012 年）等其他几个早期项目，都致力于打造新江南风格。

诗意的建筑

如果了解中国的文字系统及其通过具象符号来构造世界的方式，那么这种建立中国空间秩序中的流动性也并不神秘。正如我在《理解中国城市》（Understanding the Chinese City, 2014）一书中所指出的那样，这种系统的关键在于在世界的秩序中创造诗意经验，并将其作为道德和审美观念的坐标。这种经验不应该被工具性地异化——海德格尔或许是受中国哲学的影响而在欧洲哲学中探索出了这样一条道路。大舍在夏雨幼儿园的设计中对网师园的借鉴，提醒人们中国的诗性经验与工具性相对立，而工具性和效率一直是欧洲文化的重要特征（Deus ex machina）。这里既没有神，也没有机器（及其在机械化、语言结构和数据分析中的一切变体）；相反，我们生活在具体的物与象之间。虽然网师园的遗址可以追溯到 12 世纪，但它现在的形式是建于 18 世纪末。它的面积虽然不大（5400m^2），却通过迂回和空间纵深巧妙的安排，体现了园林设计的效果。网师园是一个精心策划的结果，旨在集合珍贵而稀有的"物 – 真"（thing-truth）。它展现了惊人的博学、诗意和价值，以此确立士大夫的威望和地位。今天，除了"建筑"或"风景园林"之外，我们并没有其他的类别能够描述它，但它的含义却远超于这些类别。网师园代表着一种特别的关照世界的方式，这在印欧文明中无迹可寻。

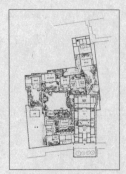

网师园平面图

网师园、江南的众多园林及其在中国其他地方的衍生品的核心在于一种信念，即关照世界的单元是物与象，而非其分子结构的工具性。墨家学派（墨子，公元前 470 – 前 391）曾经倡导或可称为中国式工具性的科学和逻辑，但是也在历史上逐渐让位于道家和儒家。这种观念上的分歧是根本性的。分子结构观认为世界最终没有固定的象，认为世界是由更小的单位组成固定的结构。柏拉图的 2 个初级数列、5 个正多面体以及当代通过 DNA 的框架都体现了这种观念。形象化的世界观则反对将整体看作是其部分的总和（即使每个部分确实是可识别的），并认为意义以物体本身为单位，存在于物体的被看到的"形象"之中。将象与意义相联系的是一种不断变化的动态平衡。网师园便是通过这些像而非数字或构造系统来建立一个充满意义的人居环境，它代表了中国新文人所渴望的诗意体验。

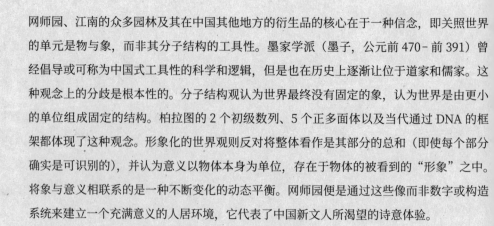

在中国所有的文化造物中，正是中国的文字系统为对世界秩序的流动认知所构建的诗意体验提供了最坚实的基础，这在中国文字体系之外是极难再现的。这或许也解释了主要依靠汉语的新文人的非凡原创性。中国文字系统没有使用抽象的字母系统记述声音，而是使用视觉形象的单位来传达意义。虽然其中许多单位并不起源于物象，有些单位也具有语音功能，但书写系统的核心特征是在物的层面上可以构建一个意义网络。阅读中国建筑师的思考时，我们会不断意识到汉字的起源、意义和形状对中国空间秩序的基石作用，这种秩序又同时是文字性和物质性的。在中国园林的研究中，最被忽视的一个组成部分是汉字（碑帖、对联、书法）在园林中的存在和意义。没有这些汉字，诗的经验就不可能建立。这也许就是为什么海德格尔努力摆脱欧洲思想的工具性，却又被他仍完全依赖的字母语言的工具性所挫败的原因。弗朗索瓦·朱里安（François Jullien）通过理解汉语而建立起的规避工具性问题的策略，则比海德格尔要成功得多，可见语言对理解文化的分歧（écart）至关重要。

大舍的四种典型策略

四个汉字似乎可以概括大舍的基本设计原则：因（分析环境因素）、借（利用周围的有利条件）、体（明智的形式状态）、宜（恰如其分的定位）。这不仅是事务所的关键设计策略，而且也关系到中国文化的效用，因为它们取自于明朝末年园林建设高峰期时（1631-1634）计成所写的园林手册《园冶》。大舍的作品很少参照中国古典建筑的外形，对于这四字原则的理解也就显得尤为重要，否则他们的项目很容易在其他文化语境里被错置和误读。大舍的混凝土、钢材、玻璃和镜子的文化内涵不应该在跨文化交流中被忽视。

2014 年，上海龙美术馆以其非凡的空间、光线和物质性让大舍举世瞩目。事实上，这座博物馆给全世界的策展人和艺术家，如奥拉维尔·埃利亚松（Olafur Eliasson）等带来了极大的启发，他们甚至制作了专属于龙美术馆空间的作品，将其安置在混凝土表面和交错的空间，而不是在大多数艺术博物馆中通用的白色背景的盒子里。这个建筑还有另外两个层次：潜伏其中的是装卸来自中国西部省份煤炭的码头遗迹，以及已经半途而废的游客服务中心建筑的基础。它构成了我们理解前两个特征策略："因"和"借"的绝佳节点，并思忖其与明显的欧洲废墟概念之间的权衡。

煤漏斗

龙美室内脱模局部

这里的核心中国概念是痕迹，而不是废墟。"迹"在中国的思想和实践中无处不在，是建立时间观念的一种方式。虽然时间流逝是一切文化的底色，但是对什么是时间的思想观念却可以有根本的不同。蕴含在"迹"之中的中国传统意义上的时间并不是通过古代、历史时期、未来状态等明确的过去秩序来构建的。卡尔·贾斯珀斯（Karl Jaspers）提出了"轴心时代"的概念，认为世界主要文明在公元前 8 世纪到公元前 3 世纪都已基本成型。贾斯珀斯发现只有儒家和道家没有明确的"过去"秩序。在中国语境中，时间被设想为没有过去，而是通过痕迹持续存在。古希腊、波斯、印度宗教都有独特的过去秩序概念，这种观念对于保存古迹的做法至关重要。正如我在《理解中国城市》中的"没有位置的记忆"一章中所言，希腊文化中的记忆特征与位置有着深刻的联系，而基督教将希腊基于位置的记忆策略转变为嵌入基督身体的遗迹。遗迹的概念为朝圣提供了基础，随之而来的是中世纪欧洲城市的兴起。废墟如果不是作为"迹"存在的话，那么在中国传统文化实践中似乎没有什么意义，而只是现存之物的不完美状态。在中国建筑中，关于痕迹的知识话语还处于萌芽期，停车场地下室的现存格局、煤码头漏斗的旧结构不可避免地被建筑师们界定为废墟，呼应了长期形成的源于"过去"秩序的废墟理论和实践。在这里，虽然废墟的概念很有趣，但它也有很大的误导性。正是过去和现在与时间痕迹的融合，最终产生了龙美术馆的诗意体验。

施工中的艺仓美术馆

继龙美术馆之后，大舍又进行了一系列类似的探索：2016 年的艺仓美术馆、2017 年的八万吨筒仓改造与再利用，以及 2018 年的边园。它们都位于流经上海的主要河流黄浦江畔，这里有许多待开发的上海工业历史遗址。2010 年，上海在工业遗址的南端举办了世博会，俞孔坚所主持的事务所土人景观于同年设计了带有环境疗愈性的后滩公园项目。大舍的项目反复实践着柳亦春的"因"和"借"的策略，尽管每个项目所面临的境况显然不同：在龙美术馆，由于需要利用现有的柱网和现有的煤料斗卸载桥的形式，建筑师创作出了混凝土的伞状拱顶，奠定了整个设计的基调；在艺仓美术馆（中文名称"艺仓"来自美术馆改造之前的"煤仓"），结构理念是这个设计成功的核心：旧的煤库被一层层悬挂在煤库现有结构上的新空间完全包裹起来，形成了一系列丰富有趣的空间序列。上海工业历史的"痕迹"起死回生，上海的艺术获得了一个当代性的存在，而不是被包裹在废墟里。与此截然不同的是同样位于黄浦江畔的、20 多年前建造的八万吨筒仓。筒仓本身具有震撼的纪念性力量，无意中构成了整个项目的标志物。在这里，柳亦春的笔触则要轻快得多，他敏锐地意识到，虽然储煤场需要戏剧性的设计调动来制造趣味，但筒仓只需要最低限度的介入。一组沿黄浦江的自动扶梯串联了上下高达 48m 的垂直空间作为展览区域，以最微弱的干预手段达成了显著的空间改造效果。边园则是一个煤气厂里的露天储煤场的改造项目，在黄浦江边的码头上有一道罕见的、长达 90m 的水泥墙。柳亦春被这面朴素的墙的美学潜质深深打动，并通过一个名为"边园"的项目使之复生。柳亦春作为一个文人，将这面墙作为整个项目的基调因素，将其改造成一个用以滑板和轮滑的线性公园（龙美术馆外的广场上也很流行这些活动）。这些被复活的"痕迹"构建了一种流动的时间感，并展示出"因"与"借"在大舍作品中的根本性作用。

边园原始基地

金山岭上院

柳亦春对"体"的探索也同等重要。中国建筑传统上没有对于起源的执念，因此类似于"原始茅屋"的说法在中国并不像在欧洲文化和知识背景下那样备受关注。从维特鲁威开始，关于建筑的论述和理论就一直在追溯神话和技术的起源：所罗门神庙、原始小屋和理想的别墅如圆厅别墅、奇斯威克住宅、萨伏伊别墅、巴塞罗那德国馆等，这些历史和理论构成了废墟的知识双重性。如果说废墟彰显了曾经存在过的完美建筑必然的破败，那么理想别墅则固执地宣称了这种完美的暂时可存性。某种程度上，欧洲认识论的特点也在于寻求事物的起源，这种知识目标与中国人对事物自然属性的关注有很大不同。柳亦春在 2018 年为日本设计师原研哉发起的"未来理想家"（House Vision）所设计的房子"亼宀囗"（ATO）就是这种分歧的例证。在这里，建筑的基本问题都围绕着"舍"的结构而展开：屋顶（亼）、柱子（宀）、地基（囗），这些已经在他们 2016 年的项目例园茶室和 2015 年大舍工作室空间的设计中有所呈现。"亼宀囗"将物象发挥得淋漓尽致，"舍"字的视觉逻辑成为建筑的首要依据。而其英文名"ATO"三个罗马字母与汉字"舍"中的屋顶、柱子和地基的形状最为相似，这是柳亦春为弥合不同语言的翻译鸿沟所做出的最大胆的尝试。类型学在这里消失了——类型学从来就不存在于中国传统建筑。相反，"凸中口"被看作生活空间的基本单位，无论它代表着房子、会议室、商店、寺庙，还是花园。建筑本身恍若画笔勾勒一般：所有结构性和构造性的要素都被刻意抹除了。这是一个真正"如画"的建筑，是文人工艺中涌现的最为重要的诗意概念。

2019 年落成的台州当代美术馆则实现了柳亦春对"宜"的思考。计成在 1631 年所著《园冶》中谈到的"宜"俗称风水，是中国文人造园自古以来珍视的原则之一。"宜"不仅是道家的原则和儒家的社会典范，更是一种明确的设计策略。苏州园林往往是适地而居的典范。或许是由于密集的城市环境限制了园林面积，这些园林特别需要最大限度地发挥场地条件的优势。台州当代美术馆便是一个由场地条件而创造的建筑。其关键的设计策略是通过对 8 个展厅高度的巧妙处理，与基地附近的枫山遥相呼应，形成生动的视觉互动。当人们从一个空间移动到另一个空间时，枫山便以"画"的形式出现在不同的画面中。在琴台美术馆的设计中，柳亦春又回到中国文人园林的假山空间中，亦如王澍和王欣在展览中所作的那样，他出色地设计了美术馆的"洞（展厅）"和"顶（屋顶走廊）"，每个展室都有曲折的路径和不同的景观，它通过对中国建筑传统的参照以唤起人们深刻的诗意体验。

台州美术馆

具象的反思性

中国传统文人最棘手的一个特点是他们不愿与政治同流合污，如果在朝廷失宠，他们就会比较倾向于某种形式的自我孤立。文人修养的多样性一般表现为"派"，而"派"的基础则是一种类似于儒家的忠于家庭的虔诚。18 世纪初由理查德·斯蒂尔（Richard Steele）、约瑟夫·艾迪生（Joseph Addison）和乔纳森·斯威夫特（Jonathan Swift）创办的伦敦杂志《尚流》（The Tatler）和《旁观者》（The Spectator）开启的那种职业化的公共批评，从来与中国传统知识分子的生活无关。相反，声望只与学派相关。中国文人生活中是否有批判性的空间？鸦片战争后的中国文化革命，给中国的批判带来了可能性；在 20 世纪的中国知识分子中，鲁迅也展示了一个与欧洲文化前卫模式相结合的文人版本。在"文化大革命"后重新出现的正是这种反思性，这在文学和艺术中尤为显著。

"具象的反思性"这个说法或许最适合描述这种在中国相对较新但又重要的思想发展。如果说在精神上这种具象的反思性试图达到类似于欧洲"结构反思性"的自我批判水平，那么事实上它仍然很大程度上植根于中国文人的文化语境。首先，它往往是一种实践而非理论；其次，它是关于形象而非结构的。展望以及徐冰、艾未未、邱志杰等一代天赋异禀的中国现代艺术家，通过重溯一种独特的中国式的形象化手法来进行创作。这些艺术家没有像莫奈和毕加索那样在作品中拆解并重建新的结构，而是努力保持物象的完整性，并将其置于具有批判性挑战的新语境中。徐冰在他的《天书》(1987-1991) 中发明了一套约 3000个虚构的"汉字"，用传统的制书技术再现了古代书卷的形式，并在中国知识分子和政治家中触发了巨大的焦虑——他们从徐冰的艺术中感受到了中国文化的存在危机。这部作品从根本上让人们批判性地关注到中国文字系统对中华文明的基础性意义。邱志杰的《重复书写一千遍〈兰亭序〉》(1990-1995) 通过临摹经典，重现了文人修养的某些方面；然而，临摹是在同一张纸上进行的，所以最终的结果是难以辨认的黑色。展望的《人造石》系列（1995-）用不锈钢雕塑再现了文人园林中的假山的精美造型，给一个文化标志披上了反思的光辉，仿佛要将观者的反思性提取出来。他的《城市景观》系列（2003-2005）用抛光的不锈钢厨具重塑城市场景，将卫生和工具性的城市现实戏剧性地展现出来。所有这些极具震撼力和创造力的作品都依赖于对物和象的批判性错置，它们表现出了一种具象的反思性，有别于欧美从印象派到立体主义的、识别和拆解结构的实践。

从 2011 年的螺旋艺廊开始，柳亦春开始与艺术家合作。他为岳敏君（以创作大笑中的自己而闻名）设计了工作室；邀请丁乙（以几何抽象闻名）于 2014 年为上海雅昌艺术中心设计了彩色瓷砖；2015 年，柳亦春与展望共同创作了花草亭；2018 年则完成了八万吨筒仓的改造再利用。柳亦春与艺术家的深入合作在同行中非常独特。花草亭是他和展望的第一次合作，也是上海城市空间艺术季（SUSAS）的一部分。展望当时正在他的《拓地》(2015-)项目中探索技术，该项目采用了"拓"这一备受推崇的处理书法雕刻石板的手法，并在北京房地产价格快速上涨的背景下，颠覆性地将其应用在"拓印"土地上。艺术家将薄薄的（0.5mm）、1m² 大小的不锈钢片用棒槌敲打在北京通州地区的一块土地上来捕捉印记，并标上了 41314.39 元的价格，这是 2005~2008 年间该地区 1m² 土地的平均成本。柳亦春被这一作品深深吸引，并开始思考花草亭的 6 个结构支撑能否被切片状的中国石作的"拓印"包裹起来，让它们既在那里又不在那里。同时，中国石作"幽灵"般的倒影又增加了空间张力。展望对新自由主义城市的挑战和柳亦春对建筑结构极限的探索或许很难并置而论，但是它们却作为一种实验走到了一起。八万吨筒仓的扶梯底板也来自展望的拓地项目，在上海，展望的这一工程使得艺术、公共空间、房地产开发和商业深深交织在一起，在庞大的黄浦江滨水改造项目中显得更为尖锐。中国当代艺术家创作了许多极具洞察力的艺术作品，并被世界各地的博物馆所重视。历史的指向证明这种艺术家与建筑师的合作很快就会扩展到建筑领域，大舍正率先探索了这一充满创作能量的领域。

大舍对当代材料和形式的坚持是意义重大的，这也使之在同辈的文人中与众不同。然而，大舍从项目的构思到实践的每一步都受到了中国深层文化法则的指导。或许，我们不应该感到惊讶，因为世界上杰出的建筑师往往以非常相似的方式工作。大舍将当代材料与结构、历史与理论中国化的主张是大多数中国建筑师尚未迈出的重要一步——他们往往选择站在这一边或那一边。

展望《拓地》

简仓大扶梯

城市山水

也许中国城市面临的最大挑战是如何发展和维护与希腊城邦相仿的公共空间，克服无尽的各种家族式和排他性的空间围合。公共空间的基本理念使希腊城邦成为最成功的城市范例，而人们也在通过真理与正义、知识、教育、医疗、金融和娱乐等机构继续捍卫和扩大这一传统。然而，公共空间的理念并不直观，它需要高度的修养并极其脆弱。传统的中国城市是围绕着家庭和机构的空间构建的，这二者都不能算是公共空间，并且都建立在家的概念上。这样的城市空间是相互隔断的，并且一般通过围墙来实现隔断。今天，中国城市的许多区域仍然是由"单位"和"小区"等被包围和保护的空间构成的。一个多世纪以来，公共空间的营造一直为改革派的中国建筑师和规划师们所倡导。尽管在公共公园系统、城市广场和商圈都发生了一定程度的变革，但是公共空间的关怀和礼貌等方面仍然是尚未达成的目标。对于中国的城市设计来说，这显然还是一个不断发展的课题。

除了购物区，"艺术家村"已经成为中国 21 世纪公共空间发展的一个范例，这是因为艺术家村在一定程度上远离主流消费主义，能够容纳批判性和反思性，并通过对现有村庄或废弃工业区的适应性再利用来维持空间品质。1999 年，孟岩、刘晓都和王辉三位合伙人成立的都市实践在这一领域有着最为杰出的探索，他们从城市的公共利益出发来发展建筑。都市实践首次获得的巨大成功是将深圳的一个废弃工厂改造成了华侨城（OCT），他们在这里办公，并主动策划了一个区域。现在这里充满了独具一格的餐厅、画廊、艺术家工作室和有趣的小店，它独特又充满活力，并激发了活跃的公共城市生活。都市实践还通过策划 2017 年深港双城双年展来关注中国城中村的困境——这是中国快速城市化进程中和城乡土地所有权法差异所导致的一个相当独特的现实，"城中村"即是对抗野蛮的圈地开发的"抵抗之地"。从北京 798（原军工厂所在地）艺术家村开始，这种抵抗在中国掀起了许多其他艺术家村的发展，包括在上海昙花一现的 M50。都市实践的项目正顺应了这一趋势。

上海的西岸代表了大舍对城市的想象。沿着上海黄浦江，浦东和外滩的上游的大片滨水区域曾经是工业和仓储区。2010 年的上海世博会，率先对这些位于上海中心区南北向的滨水区进行了改造。2011 年，毕业于同济大学建筑学院的博士孙继伟被任命为上海市徐汇区区委书记。他对上海的滨水区建设"野心勃勃"，并参照了伦敦南岸和赫尔佐格·德梅隆的泰特现代美术馆的先例。2014 年的龙美术馆是在他领导下进行的第一个项目，是他说服收藏家夫妇刘益谦和王薇投资了这个美术馆。在龙美术馆之后，大舍又将一个飞机厂的冲压车间改造成西岸艺术中心(2014 年)。藤本壮介将一个飞机修理库改造成了上海余德耀美术馆，OPEN 建筑设计事务所将龙华机场的一组废弃航油罐设计为上海油罐艺术中心（2019 年），让·努维尔事务所（Atelier Jean Nouvel）则将一个火车站改造成了星美术馆。一系列小型的画廊和设计事务所，如大舍自己的工作室、童明的梓耘斋建筑工作室、袁烽致力于数字化制造和文化转译的画廊空间等也相继出现了。此外，2013 年首届西岸艺术与建筑双年展（上海城市空间艺术季的前身）使得西岸又增添了张永和的垂直玻璃宅、莎伦·约翰斯顿（Sharon Johnston）和马克·李（Mark Lee）的六望亭（现上海摄影中心）。五年间，西岸成为艺术的中心。它的成功使得西岸艺博会和上海城市空间艺术季在艺术界获得了巨大的声望，也使得文化开发得以扩展到黄浦滨水的其他区域，推动了大舍八万吨筒仓改造与再利用、艺仓美术馆和边园等项目的出现。

柳亦春对西岸的文化建设起到了举足轻重的作用，他的龙美术馆便是一次成功的试验。他积极邀请富有创造力的小型设计公司进驻西岸，并将设计公司集群称为"设计外院 extitute"——作为代表中国建筑设计行业主流的"设计院"（institute）之外的另类实践，以把握其文化意义。正是上海城市转型的这一大背景，促发了柳亦春对中国文人角色的重新思考。与王澍、董豫赣回避市区委托项目的做法不同的是，柳亦春相当享受城市带来的挑战。当然，城市要比建筑复杂得多，当代也并没有文人城市的先例。这或许正是柳亦春开发公共的中国新城市的动力所在。通往"文人之城"的路径是经由修身养性而实现的。

在这里，对身体的关怀（修养）和对建筑的关照（因借体宜）是浑然一体的。这些理念转嫁到城市设计中时将触发令人振奋的潜能。

新文人给城市主义讨论带来的一个最耐人寻味的理念是"山水"，这是一种对外在物理环境的总称，也是诗词画作中的一个重要概念。尽管"山水"在绘画中常被使用，但其作为城市理论的潜力仍未被充分挖掘。杭州这座历史悠久的城市可以理解为山水概念的物理表现，这一点也被王澍和王欣反复强调。在大舍的推动下，上海是否可以成为 21 世纪中国山水城市的创造地？在当代城市一切工具性力量之下，大舍所强调的"观察的敏感、认知的精确、织补匠的巧妙"说服我们走进城市山水的理念。柳亦春深邃的思考和活跃的实践带给我们的反思远超于建筑实践的专业化。他们以一种朴实无华的方式对抗这个傲慢和环境破坏的时代，并试图探索和实验出一种承袭道家传统之谦逊和自由的、与众不同的城市。

文人变革的漫长之路

以柳亦春为代表的一代文人思想的中国建筑师，既不主张革命性的行动主义，也不关心 20 世纪初中国的典范古学。他们专注于通过建筑重塑一种与生态秩序相适应的生活方式。在此必须要强调两个重要观念：首先，如朱里安在《无声的变革》(Silent Transformations, 2011) 中所言，时间的推移带来的更多是连贯性的形式变化，而不是欧洲传统历史概念中的断裂。欧洲文艺复兴的"重生"事实上是一种糅杂了来自古希腊的遥远异邦哲学传统的精神续存，尽管"重生"的话语显然更加引人注目。同样，今天中国文人的回归所经历的转型也不是断裂，而是一个漫长的过程。其次，在这场转型中，新文人正在自我调整中形成个体能动性、家庭与社会集体以及地球生态秩序之间的平衡。这是一项复杂的工作。尽管由此产生的实践与我们所熟知的欧美形式大相径庭，但是个体的主观能动性却非常突出。我们应当牢记这一点，以免过于轻率地将其东方化。

在复杂的思绪中，以柳亦春及其大舍工作室为代表的中国新文人为重估人类与他者乃至地球的关系提供了一种实践方式。我们当下的范式由欧美所建立，即拥有权力的个体的自我决定和自我实现。著名社会学家费孝通用"容有他者的己"这一概念来界定中国传统道教中一种己于他者的关系，它构成了文人在艺术、建筑、文学等实践中的智识背景。20 世纪初中国知识传统的重要改革者胡适 (1891-1962) 曾预测他的时代将出现"中国文艺复兴"，这对那一代人来说似乎仍然是遥不可及，胡适也没有什么可圈可点的建筑成就来支撑他的观念。一个世纪后，大舍所代表的进步在精神上更接近胡适的预言。如果我们抛开以断裂为核心的叙述，那么中国文化的转型已经开始出现在了建筑领域——这或许与欧洲文艺复兴的轨迹相仿：始于艺术和建筑，逐渐扩展到未来的哲学变革。

从结构到语言：大舍的建筑实践

李翔宁

当下中国建筑的实践，呈现出一种对西方现代性进程的补课式回溯，尤其表现为对现代主义语言的再认识。在此基础上，也伴随着建筑师自我意识和中国传统文化价值的觉醒。无论是对从柯布西耶、路易斯·康到库哈斯的西方现当代建筑语言的在地化，还是对源自传统中国木构建筑体系、园林空间传统和因地制宜的自然观等建造智慧资源的当代转译，都殊途同归地指向一种兼具当代性和中国性的建筑实践。正如英国《卫报》对 2018 年威尼斯建筑双年展中国国家馆展览的评论，"中国当代建筑从外国建筑师的试验场转变为中国建筑师对来自自身文化文脉的敏感回应的发生地"。

在这样的语境下，大舍的实践是任何关于当代中国建筑的讨论都无法回避的。他们的作品对文化性的孜孜以求，对当代结构、材料与形式的关系的探索，已经成为当代中国建筑的一面旗帜。他们将现代主义的通用语言与中国，或者更准确地说，与上海和江南的文化基因微妙地凝聚在一处，形成了一种优雅氤氲的独特气质。与此同时，与普通建筑事务所的工作不同，大舍还通过围绕当代艺术、装置、建筑文化的研究和理论话语建构，为当代中国建筑、设计乃至当代文化贡献着一种独特的价值。

从 "Deshaus" 到 "大舍"

建筑师在为自己的工作室命名之时往往既希望它能够反映出关于建筑的一种态度，又具有一定的趣味性和记忆点。王澍以 "业余" 命名自己的工作室，张永和则以 "非常建筑" 为名，都表达了一种和中国的主流建筑职业实践主动保持距离的文化姿态，而从 "Deshaus" 到 "大舍" 的命名或许反映了从国际现代主义建筑原则到对中国固有建筑核心价值的再发掘。早在 1993 年，柳亦春便将 "Deshaus" 用作自己与当时在广州市设计院的两位同事共同设立的工作室的名字。而随后在 2000 年，当时大舍建筑的三位创始人柳亦春、陈屹峰与庄慎决定离开同济大学建筑设计研究院的国营体制而创办独立的私营事务所之时，他们仍旧沿用了 "Deshaus" 这一名字。这一在中国大多数建筑师事务所中少见的、以德文作为命名方式的名字，无疑暗示出某种与德国传统之间的联系。柳亦春、陈屹峰与庄慎均在同济大学接受了五年制的建筑教育。后者的前身源自德国医生埃里希·宝隆于 1907 年创办的德文医学堂，而具体到建筑学院，它则可溯源至由师从沃尔特·格罗皮乌斯的黄作燊创办的圣约翰大学建筑系。这一双重渊源使得同济在以布扎体系为主导的中国建筑教育中显得尤为独特。大舍的三位建筑师曾回忆道，即便在后现代主义建筑思潮盛行的 20 世纪 80 和 90 年代，同济大学的建筑教育依然立足于包豪斯的现代主义建筑传统。事实上，在当时，柳亦春与陈屹峰均接受了以德语作为第一外语的建筑学教育。

同济的建筑学教育无疑深刻地影响到了大舍随后的实践。尽管不少人往往会下意识地从"Deshaus"联想到"Bauhaus（包豪斯）"，对于大舍来说，"Deshaus"首先需要被理解为"与房子相关的"——即德文中的 haus 的所有格。这一朴素而直接的解释暗示出一种关于建筑的态度：建筑并非关乎某种宏大的或是外在的表达，而需要回到它的本质。毫无疑问，这些特质在大舍的早期作品中得到体现：无论是三连宅或是同一时期的东莞理工学院教学楼，它们都以干净而简洁的形式语言，公共与私密之间清晰的体量关系，以及严格理性的正交网格，建筑空间对功能的逻辑性呼应，有意识地显露出强烈的现代主义建筑特征。

然而，"舍"——"房子"所对应的汉字象形字，虽然是对"Deshaus"的发音和含义的一种意会，却多多少少预示了他们的建筑实践在不久后的转向。在大舍的实践中，他们始终试图将某种与"中国"相关的传统纳入现代主义建筑的形式语言中。或许因为大舍不曾与当时不少中国建筑师一般，曾在欧洲或是美国长期生活、求学，需要直面身处另一种文化境遇中的身份焦虑，他们的策略往往是间接而迂回的。在 2003 年至 2010 年之间完成的夏雨幼儿园、嘉定新城幼儿园、青浦青少年活动中心等一系列作品中，面对上海周边江南水乡的历史和建筑环境之中谨慎插入新建筑的命题，他们的解答方式既拒绝了某种直接表达"中国性"的形式符号，又并未选择那些似乎能够更为轻而易举表达出"中国"之视觉形象的材料和建造方式，而坚守现代主义建筑的形式语言，亦并未排斥诸如涂料、穿孔瓦楞铝板、丝网印刷玻璃等去地方化的当代工业材料。与上述更为直接的策略相比，他们希望以一种转译的方式，在原型层面上，完成对传统空间类型的重新诠释，以一种近乎陌生化的方式去再现传统空间中的感知与体验。他们写道："我们的实践与我们对所在的'江南'这样一个地域文化的理解密切相关，无论自觉或者不自觉，我们之前大部分的建筑都像一个自我完善的小世界……这个小世界的原型就是'园'。"

边园

江南作为一种空间原型和文化意象，通过"离""边界"与"并置"这三个操作性概念，含蓄地出现在了夏雨幼儿园明确边界之内的各异院落和彩色体块中，或是青浦青少年活动中心的小尺度体量所形成的街巷空间中。值得指出的是，这些构筑"自我完善的小世界"的努力既源自建筑师对实践方向的批判性思考和对自身文化背景的敏感性，又需要被理解为对当时仍几乎处于"白板"状态的青浦与嘉定新城的回应，而正是后者将过去的建造传统与当下的建成环境联系在了一起。

如果说在大舍的早期实践中，"舍"更多地关乎江南地区的建造传统和文化浸润，那么近年来，对于唐代以来的官式木构建筑的关注，使得"舍"的含义逐渐指向了一种更为正统的中国传统建筑。在 2018 年参加"House Vision 中国探索家未来生活大展"时，柳亦春第一次提出将"舍"拆解为"亼（ji）""屮（cao）""口（wei）"三个元素，并基于这种阐释设计了参展空间装置"后舍"，它同时也是金山岭禅院的原型空间。而同年，在《台基、柱梁与屋顶：从即物性的视角看佛光寺建筑的 3 个要素》一文中，柳亦春试图通过对"舍"

的字形构成的解读，来佐证台基、柱梁、屋顶这三要素作为中国古典建筑构成的本质性与普遍性。这种尝试似乎希望将大舍的建筑实践与一个更为宏大和悠久的建造传统相联系。但与此同时，正如森佩尔也曾类似地以加勒比原始茅屋为例证，指出建筑的四要素——墙体、屋顶、炉灶与基座，这一回归基本元素的阅读方式弱化了文化的特殊性，而致力于在具有特殊性的个案中寻求超越特定文化的普遍性。在近年来的例园茶室、边园和上文业已提及的金山岭禅院中，"厶""中""口"三个基本元素组成的空间原型构成了大舍建筑近期实践的重要线索。

在"大舍"与"deshaus"之间，不同的名字和释义显露出其在面对不同的实践境遇和文化环境之时所保持的开放性姿态。从现代主义建筑的正统传统到对自身文化的思索，从早期对一些西班牙、瑞士等欧洲建筑师工作的兴趣到近年来与日本建筑师和结构师的交流，大舍始终在现代性的抽象传统上，不断寻求其他的源泉。在此基础上，大舍也同步着对于古代建筑的重新认识。也正是这份开放性，使得大舍在多源头的影响下逐渐发展出了属于自身的建筑姿态。

"轻"与"重"

金山岭上院

2011 年 5 月，柳亦春写作并发表了《像鸟儿那样轻：从石上纯也设计的桌子说起》一文，也恰恰在同年 10 月，柳亦春开始了龙美术馆西岸馆的设计工作。事实上，当代建筑文化尤其是日本建筑文化中通过对一种半透明、轻质材料效果的追求完成了对现代建筑强势结构的消解，而从石上纯也的桌子、康策特的桥、伊东丰雄的银色小屋之"轻"到令建筑师联想到哈德良离宫与罗马的龙美术馆西岸馆之"重"，它们之间似乎有着一条无法逾越的概念鸿沟。如果说前者通过某种技术驱动而获得了一种不断迭代、推向极致的可能性，也由此显得更为"当代"，那么后者则暗示出一种超越时间的永恒性。这一对概念也构成了大舍近年来作品的两种形象。在例园、金山岭上院与边园中，纤细的构架既塑造了一种视觉上的轻盈，又最大限度地实现着内与外之间的流动性，而在螺旋艺廊、龙美术馆、台州美术馆中，混凝土墙体的运用和拱所具有的内在指向性，使得它们往往具有一种厚重、内向和几乎凝固的空间感知。

然而，这种二元化的解读或许是一个过于仓促的判断，而更为细致的阅读则需要将龙美术馆西岸馆与柳亦春在《像鸟儿那样轻》一文中对多摩美术大学图书馆的分析进行比较。在对其薄拱的技术细节进行描述之后，柳亦春写道："最终由等厚的薄拱构筑的空间如教堂般幽深宁静，给人以温暖的庇护感，又呈现出自然有机的形态。我相信薄壁在这个空间的独特性中是起了作用的，由结构及施工技术完成的'薄'给这座建筑带来了前所未有的当代体验，它显然不同于以往任何一个拱形空间却又似曾相识。"显然在这里，空间的独特性与薄拱结构的形态本身息息相关。伊东丰雄并未打破现代主义建筑的柱网体系，而通过梁柱关系的变体，使得往往不被注意的结构获得了鲜明的视觉表现。在多摩美术大学图书馆中，空间依然是现代主义建筑式的流动空间，而结构则成为具有辨识度的实体。从这种空间与结构的关系上来看，龙美术馆西岸馆恰恰构成了一种反转。尽管伞拱往往被理解为龙美术馆的一个标志性元素，但事实上，当人们身处展厅中时，却很难意识到它的视觉存在，而更多地则感受到从墙向顶棚慢慢延伸、舒展的拱所带来的庇护与包裹之感。由此，尽管结构是构建空间的逻辑和手段，但它最终却被空间所消解。

与多摩美术大学图书馆相比，在龙美术馆西岸馆中，空间以一种更为强大的形式存在。借助伞拱的悬挑和伞拱之间的天光，结构获得了某种"轻"的感觉，而实现了空间的厚重感。类似地，这种"轻"与"重"、结构与空间之间的辩证关系也出现在了边园中。在这里，一列截面边长仅为50mm的细柱，在场地中原有的长墙之上，轻盈地支撑起了一道廊子。固然结构在此扮演了重要的作用，甚至构成了面向黄浦江的一个个取景框，但最终占据主导的却是从墙的这一头向着另一头延展的漫长空间。尽管后者被定义为"廊"，但它却并不指向一个终点。相反，正如法国评论家耶胡达·萨夫兰（Yehuda Safran）在拜访边园时所提及的，这里似乎可以呆坐半晌。在这里透露着原有工业遗存的墙的厚重与金属构件的细巧所形成的视觉的强烈对比，但也共同构成了边园耐人寻味的暧昧与平衡，提供了建筑可堪玩味的独特气质。

建筑（实践）之外

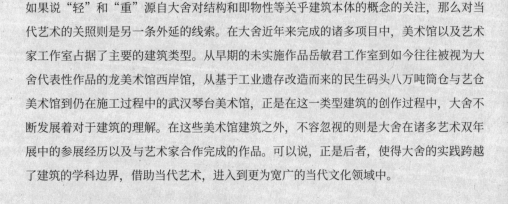

如果说"轻"和"重"源自大舍对结构和即物性等关乎建筑本体的概念的关注，那么对当代艺术的关照则是另一条外延的线索。在大舍近年来完成的诸多项目中，美术馆以及艺术家工作室占据了主要的建筑类型。从早期的未实施作品岳敏君工作室到如今往往被视为大舍代表性作品的龙美术馆西岸馆，从基于工业遗存改造而来的民生码头八万吨筒仓与艺仓美术馆到仍在施工过程中的武汉琴台美术馆，正是在这一类型建筑的创作过程中，大舍不断发展着对于建筑的理解。在这些美术馆建筑之外，不容忽视的则是大舍在诸多艺术双年展中的参展经历以及与艺术家合作完成的作品。可以说，正是后者，使得大舍的实践跨越了建筑的学科边界，借助当代艺术，进入到更为宽广的当代文化领域中。

三联宅

在事务所成立仅一年后，大舍的装置作品"草堂记"便参加了2002年上海双年展"都市营造"。这件极简的空间装置勾勒出一种"很薄的、立体的、线性的现代农业田园"意象。也正因为这件作品，大舍随后受邀参加了2003年于法国蓬皮杜中心举办的"那么，中国呢（Alors, la Chine?）"展。在这场以当代中国艺术为主题的展览中，大舍与其他7组参展建筑师需要通过与艺术家的合作，以一种再创作的方式对自己的建筑作品进行呈现。活跃于上海的艺术家徐震和杨振中通过影像，诠释了他们在三连宅中的空间体验。

逝者如斯

耳宅声景

在随后数十年的实践过程中，大舍不断地与艺术家、策展人保持着密切合作，来自当代艺术的刺激为大舍所专注的建筑学本体话题带来了新的突破口。在雅昌上海艺术中心中，柳亦春与艺术家丁乙的合作打开了关于表面和装饰的讨论。以丁乙具有标志性的"十字"形式为蓝本，建筑师与艺术家共同设计了48款100mm见方的面砖，满铺整栋建筑的内外墙面与地面。这些面砖不仅模糊了不同结构构件之间的区分，也似乎可以被理解为一层与结构本身产生竞争，甚至完全遮蔽了结构的表皮。相比大舍的其他作品，雅昌上海艺术中心也因此与注重视觉和图像性的当代文化最为不谋而合。

在为 2015 上海城市空间艺术季"1+1 空间艺术计划"而创作的花草亭中，柳亦春与艺术家再次合作，建筑师将艺术家展望的拓片不锈钢假山转化为了一系列支撑屋面的假山"切片"。尽管最终的受力构件是假山"切片"内的 A 字形钢柱，但不锈钢作为架构的"表皮"，既构成了受力构件的象征，也是艺术家参与的符号。正是当代艺术的介入，使得结构超越了其物质性，进入到象征、意义与修辞纠葛得更为微妙的领域中，同时也赋予作品本身更具诗意的韵味。

近年来，大舍与艺术家的合作则注重突破特定媒介的限制。在与声音艺术家殷漪合作的两件作品"耳宅"与"美术馆"中，声音成为视觉之外另一种感知空间的方式。而在最近的展览"逝者如斯"中，柳亦春与艺术家邱岸雄基于影像与屏幕的共时性，在位于浦东的 APSMUSEUM 再造了一座"边园"。这些与艺术家的合作，不仅带来了新的实践契机，更从一种来自学科外的视角，为建筑学所关心的问题打开了新的讨论维度和可能性。

去功能化与建筑学的自主性

自柏拉图和亚里士多德以来，摹仿（mimesis）理论一直是西方美学与艺术理论的基石。当摹仿自然被视为艺术的源头之时，诗歌、绘画和雕塑得以通过叙述、描绘或是敲凿来完成这一再现过程，而建筑却因其自身的实用性始终处于再现的困境中，以至于黑格尔在其艺术哲学中将建筑视为一门最低等级的艺术。艺术史家罗莎琳·克劳斯（Rosalind Krauss）在讨论艾森曼与观念建筑的文章中，将观念建筑的逻辑与绘画进行了类比。如果说古典绘画注重于画布上呈现的摹仿之"像"，画布、颜料都是透明的，观看者看到的是描绘的"像"。那么现代主义绘画则逐渐地开始认识到画布的非透明性，绘画就是颜料、画布、笔触，而没有一个透过这一切物质存在所呈现的图像。从莫奈的闪烁不定的错叠笔触逐渐消解了绘画空间（pictorial space）的三维特性，回归画布本身的二维平面，到卢西奥·丰塔纳一刀划开了画布，最终承认了其本身的物质属性，现代主义绘画艺术的发展可以被认为是一个从透明的画布到回归其本身物质性的过程。艺术不再为了再现一个图像而具有了艺术本体的价值，正如勋伯格的十二音体系让作曲成为一种数学计算或者说一种纯粹的语言，而不再仅为了展现一段优美的韵律而存在。

尽管类似地，现代主义建筑试图用几何语言和空间的抽象性剔除古典建筑的"摹仿"包袱，将其从繁复的装饰和森严的柱式体系中解放出来，但建筑却几乎从未真正地回归它的本身。现代主义建筑最为著名的口号——"形式追随功能"，暗示出了这样一种态度，即当一座建筑存在之后，它需要通过像什么而成为什么。由此，一座美术馆需要根据特定的展厅与流线布置，让它的参观者感受到一个符合美术馆概念的空间存在，而一座幼儿园或是学校亦需要通过房间布局，来完成使用者对特定内容的期待。在这种情况下，尽管空间与结构逃离了"摹仿"的逻辑，却亦陷入了另一种对功能性和实用性需求的表征之中。以埃森曼为代表的观念建筑正是试图建立一套纯粹的建筑语言，梁和柱只是纯粹的建筑语言体系中的构成元素而不必承担结构承重的功能。建筑也变成了一种空间语言的系统而具有概念的绝对自主性，不再受到具体功能的约束。

台州美术馆
脱模后素混凝土空间

在龙美术馆西岸馆中，尽管向上延展、蜷曲的清水混凝土墙体可以被用作悬挂画作或是固定装置，参观者可以在风车状排布的展厅之间自由穿行，但这些使用方式更多地源自后天的、附加的阐释，而非"伞拱"以及它们所汇聚形成的空间的先天的、内在的属性。彼得·埃森曼（Peter Eisenman）曾就建筑中的"柱"发问道，作为一个"结构"元素，"柱"究竟是功能性的抑或是符号性的。类似的问题似乎也可以指向龙美术馆中的"伞拱"。尽管它们完成了实用性的功能，却亦超越了功能，而借助其自身形式和尺度在空间中获得了某种独立的表达。换句话说，"伞拱"在此不再是为了一座美术馆而存在的结构，而仅仅是其自身的存在。这种现象学意义上的存在甚至使得柳亦春在一次讲座中提到，当龙美术馆的伞拱结构浇筑完成、脱下模板之时，"我觉得这个建筑也许不会再有比这更美的时刻了"。

类似地，在台州当代美术馆、边园或是金山岭禅院中，尽管这些由粗犷的混凝土或是纤细的钢柱构建而成的空间宣称着某种使用目的，但它们又似乎可以是别的一些什么。事实上，在台州美术馆正式营业之前，它未完成的空间恰恰如同一座野生的剧场一般，有人在此游荡，有人在此举行派对，有人在此拍摄婚纱照片，还有艺术家将这里用作创作场所。这些建筑，邀请着人们的进入，感受它的空间，甚至带来一丝关于使用的自由想象，而非遵循它们的命名所指涉的功能。正是在这层意义上，建筑，不再是为了实现其他目的的中介，而最终成为物自身的存在。

这种建筑作为物自身的存在无疑令人想起对柳亦春与陈屹峰影响颇深的海德格尔对于"物"的看法，也或许解释了为何柳亦春曾频频引用德里达的一句话，这句话也被埃森曼引用在罗西的《城市建筑学》的序言中："……当充满活力和意义的内容处于中性状态时，结构的形象和设计就显得更加清晰，这有点像在自然或人为灾害的破坏下，城市的建筑遭到遗弃且只剩下骨架一样。人们并不会轻易地忘记这种再也无人居住的城市，因为其中所萦绕的意义和文化使她免于回归自然……"

结语

建筑作为一种跨越工程、文化与艺术等不同领域的实践，在当代中国快速建造的背景下，设计实践尤其是基于大量性建设的专业性实践中，工程设计解决具体功能的问题被放大，而作为学科自主性内核的更具文化性和批判性的考量似乎很难彰显。

在当代中国建筑师中，大舍的建筑实践或许非常少有地呈现这种去功能化而试图让建筑回归一种语言的本体性。早年影响了柳亦春与陈屹峰的来自德国的现象学哲学倡导抛弃一切附加界定而直面事物本质，而当代观念艺术和建筑对于打破学科的既有专业框架而消解既有学科体系的努力或许都反映在他们的写作中。他们的文字，既带有关于现象学的辩证思考与对概念的追本溯源，也不乏文学化的诗意描述。而他们的建筑亦如其行文，以结构的理性与空间的诗意塑造着超越简单功能的建筑作品，并试图建立一种超越简单使用功能而具有纯粹语言意味的建筑系统。

事实上，无论是以结构作为设计出发点、以空间作为设计聚焦对象，大舍的建筑与艺术实践最后都发展出一种纯粹的语言，建筑似乎也脱离了具体的美术馆、学校、幼儿园的类型定义而成为一种更抽象的大写的建筑（Architecture），如果说它还具有功能的话，那么人在空间中流连、观望、游憩，以及从空间中获得的情感共鸣，才是建筑最本真的价值指向，而这似乎正是大舍孜孜以求的，也是他们的实践从当代中国建筑的大量性建造实践脱颖而出的理由。

大舍｜ATELIER DESHAUS

大舍建筑设计事务所于 2001 年由柳亦春、庄慎、陈屹峰创办，是国内较早成立的建筑设计事务所之一。对大舍而言
每一次建筑实践都是探寻事物本质的机会，他们从对自我及其环境的沉思开始，在建筑中去寻求与传统的诗／德情
节不相分割的理。他们不断探索能融合地形、结构、功用、人文等诸要素的方式，直至空间与形式显现。

大舍目前的合伙人和主持建筑师为柳亦春和陈屹峰，他们分别出生于 1969 年和 1972 年，均毕业于同济大学建筑系，
获建筑学硕士学位。

张永和｜Yung Ho Chang

非常建筑创始人，同济大学教授，北京大学建筑研究中心创办人，美国建筑师协会院士（FAIA）。曾任美国麻省理
工学院建筑系系主任。

李翔宁｜Li Xiangning

同济大学建筑与城市规划学院院长、教授、博士生导师、长江学者特聘教授，哈佛大学设计研究生院（GSD）客座教授，
第 16 届威尼斯国际建筑双年展中国国家馆策展人，中国建筑学会建筑评论学术委员会副理事长。

李士桥｜Li Shiqiao

弗吉尼亚大学建筑学院威登亚洲建筑学教授。在该院教授建筑史、建筑理论和建筑设计，并担任该院博士教学主任。

在职成员：

合伙人：
柳亦春　陈屹峰
庄　慎（2001-2009）

助理合伙人、建筑师及行政（按入职时间排名）：
高　林　王龙海　王舒轶　李　珺　宋崇芳　高　德　沈　雯　郑　昳　陈晓艺
马丹红　张晓琪　王译羚　王　轶　魏闻达　陈　宇
陈雨微　宋杨柳　陈　旭　谢靖怡　唐　韵　董思超　张文易　刘　鑫　王卓浩　张家宁
李　杰　吉宏亮　石玉洁　杜尚芳　孙慧中　龚　娱　梁　俊　周楚茜　曹　野

过往成员：

唐　煜　何杨松　何王盼　钱　琳　范敏姬　陈　江　叶　颖　吴　迪　叶　昂　张　懿
乔玉婷　彭　旭　宋宇辉　杨舒婷　陈　娟　彭湘舸　李珺(小)　何　勇
周　静　杨保新　张　顼　朱　峰　窦以年　黄　东　王　岳　刘　谦　张婕亮　范蓓蕾　任　皓
邱　梅　邢佳蓓　伍正辉　孙苑婷　左　龙　王雪培
王子牧　巫文超　闫小欢　黄敏堃　丁洁如　黄　英　薛　姝　陈　昊　胡琛琛　南　旭　邓　睿
唐大舟　周梦蝶　王伟实　蔡　勉　吕诗旸
冯甄陶　潘　玲　徐皓田　金怡蕾　陈祉含　王佳文　庞子锐　佟泽坤　张益诚

2006 年	获 2006 WA 中国建筑奖优胜奖（青浦夏雨幼儿园）
2006 年	获 2006 年美国《商业周刊》/《建筑实录》联合颁发的年度最佳商用建筑奖（青浦私营企业协会办公与接待中心）
2006 年	WA 中国建筑奖佳作奖（青浦私营企业协会办公与接待中心）
2008 年	获"中国建筑传媒奖"青年建筑师（团队）入围奖
2009 年	获 2009 年美国《商业周刊》/《建筑实录》联合颁发的年度最佳商业建筑奖（江苏软件园吉山基地 6 号地块）
2010 年	获 2010 中国台湾"远东建筑奖"佳作奖（嘉定新城幼儿园）
2010 年	获"2010 WA 中国建筑奖"佳作奖（嘉定新城幼儿园）
2010 年	获第二届"中国建筑传媒奖"最佳建筑提名奖（嘉定新城幼儿园）
2010 年	大舍建筑设计事务所获法国 AS.Architecture-Studio 评选的"中国新锐建筑创作奖"
2010 年	获美国《建筑实录》颁发的第三届"好设计创造好效益"中国奖，最佳商业建筑奖（江苏软件园吉山基地 6 号地块）
2011 年	大舍建筑设计事务所被美国建筑师协会会刊《建筑实录》Architectural Record 评选为年度全球十大"设计先锋"（Design Vanguard）
2012 年	获"2012 WA 中国建筑奖"入围奖（螺旋艺廊）
2014 年	获英国《建筑评论》Architectural Review 颁发的 2014 年度新锐建筑奖（AR Emerging Architecture Awards）（龙美术馆西岸馆）
2014 年	获香港设计中心颁发的"为亚洲而设计"的年度设计奖银奖（龙美术馆西岸馆）
2014 年	获"2014WA 中国建筑奖之城市贡献奖"佳作奖（龙美术馆西岸馆）
2015 年	获英国伦敦设计博物馆年度设计奖的提名奖（龙美术馆西岸馆）
2015 年	获德国设计协会 ICONIC best of best 设计大奖（龙美术馆西岸馆）
2015 年	获福布斯"中国最具影响力设计师"（柳亦春）
2016 年	获中国建筑学会公共建筑类建筑设计创作金奖（龙美术馆西岸馆）
2016 年	获"2016 WA 中国建筑奖之实验建筑奖"入围奖（华鑫慧享中心）
2016 年	获"穿越中国——中国理想家"杰出贡献奖（House Vision 中国理想家）
2017 年	获中国商业领袖奖"年度思想者"（柳亦春）
2018 年	获中国设计权力榜"年度城市更新设计奖"（民生码头八万吨筒仓改造）
2018 年	获 WAACA 中国建筑奖之"城市贡献奖"入围奖（民生码头八万吨筒仓改造）
2018 年	获 dezeen awards 城市更新项目"入围奖（民生码头八万吨筒仓改造）
2018 年	获上海市杰出中青年建筑师称号（柳亦春）
2019 年	获中国室内设计年鉴"最佳文化艺术空间"（民生码头八万吨筒仓改造）
2019 年	获 UED 年度建筑师奖（柳亦春）
2019 年	获 AIA 2019 建筑类最佳荣誉奖（Honor Award Best in Show for Architecture 2019）（龙美术馆西岸馆）
2019 年	获中国建筑学会建筑创作大奖 2009-2019 大舍（龙美术馆西岸馆）
2020 年	获德国 Brick Award 2020 入围奖（壹基金援建新场乡中心幼儿园）
2020 年	获 Bauwelt2020 国际城市项目奖入围奖（艺仓美术馆及其滨江长廊）
2020 年	获 2020 亚洲建筑师协会建筑奖金奖（龙美术馆西岸馆）
2020 年	获自然建造 Architecture China Award 评委会特别项目奖（台州当代美术馆）
2020 年	获英国皇家建筑师学会 RIBA 2021 国际杰出建筑奖（艺仓美术馆及其滨江长廊）
2020 年	获三联人文城市奖公共空间范例（西岸美术馆大道 / 徐汇滨江）

2002 年　　"都市营造"上海双年展，上海美术馆

2003 年　　"那么，中国呢？"当代中国艺术展，法国巴黎蓬皮杜中心

2003 年　　"建与筑"当代中国建筑展，德国杜塞多夫

2004 年　　"东南西北"建筑展，法国波尔多 arc en reve 画廊

2004 年　　"状态"当代中国青年建筑师作品 8 人展，北京中华世纪坛

2005 年　　"城市，开门"深圳城市 / 建筑双年展，深圳 OCAT 艺术中心

2006 年　　"当代中国"建筑与艺术展，荷兰建筑学院 (NAI) 鹿特丹

2008 年　　"创意中国"当代中国设计展，伦敦 V&A 博物馆

2008 年　　"建筑乌托邦"中国新锐建筑事务所设计展，布鲁塞尔 CIVA 建筑与都市中心

2008 年　　"位置"中国新生代建筑师肖像，巴黎夏佑宫法国国家建筑与遗产之城博物馆

2009 年　　"不自然"设计展，北京天安时间当代艺术中心

2009 年　　中国当代建筑展，西班牙加的斯建筑学院

2010 年　　中国新锐建筑创作展，第 12 届威尼斯建筑双年展平行展，威尼斯建筑双年展 CA'ASI 艺术馆

2010 年　　中国当代建筑展，布拉格捷克技术大学建筑学院

2011 年　　"物我之境：田园 / 城市 / 建筑"成都双年展，成都工业文明博物馆

2011 年　　"城市创造"深圳 . 香港城市 / 建筑双城双年展，深圳 OCAT 艺术中心

2012 年　　"从北京到伦敦：16 位当代中国建筑师"展，伦敦建筑中心

2012 年　　"从研究到设计"米兰三年展，米兰三年展设计博物馆

2012 年　　中日韩"书·筑"展，东京代官山 Hillside Forum

2013 年　　"东方的承诺 Eastern Promises"，当代东亚建筑与空间实践展，维也纳 MAK

2013 年　　"即物即境"X 微展系列——大舍个展，哥伦比亚大学北京建筑中心

2013 年　　上海城市空间艺术季暨西岸建筑与艺术双年展，上海西岸艺术中心

2014 年　　"应变——中国的建筑与变化"第 14 届威尼斯建筑双年展平行展，威尼斯 EMG 大石馆

2014 年　　"大声展"，新锐艺术与设计双年展，北京三里屯

2014 年　　中日·结构建筑学 Archi-neering Design（A.N.D）展，同济大学建筑学院

2014 年　　历史的建构——当代中国建筑展，北京世纪坛公园

2015 年　　英国伦敦设计博物馆"Designs of the year 2015"，伦敦设计博物馆

2015 年　　上海城市空间艺术季"1+1 空间艺术计划"展，上海市雕塑艺术中心

2015 年　　"纽约　北京　纽约"中国当代建筑展，纽约建筑中心

2016 年　　"再兴土木，16 个博物馆 -15 位建筑师"建筑展，柏林 Aedes 画廊

2016 年　　"New Museums"，瑞士日内瓦艺术与历史博物馆

2016 年　　第 24 届"当代世界的建筑家"建筑展，东京 GA Gallery

2016 年　　"穿越中国——中国理想家"展，威尼斯建筑大学特隆馆

2016 年　　"走向批判的实用主义"当代中国建筑展，哈佛大学设计学院

2016 年　　"不断提升的城市"台北世界设计之都国际设计大展，台北

2017 年　　"二十一世纪博物馆：野心，愿景和挑战"，瑞士日内瓦艺术与历史博物馆

2017 年　　第 25 届"当代世界的建筑家"建筑展，东京 GA Gallery

2017 年　　"This Connection"上海城市空间艺术季，上海民生路码头八万吨筒仓展馆

2018 年　　"方丈记私记"，越后妻有大地艺术祭三年展，日本里山美术馆

2018 年　　"自由空间"第 16 届威尼斯建筑双年展，威尼斯建筑艺术双年展中国馆

2018 年　　"中国，建造遗产"展，法国里昂美术学院 / 里昂市政府

2018 年　　China House Vision，北京鸟巢广场

2018 年　　"加密 Pretty Good Privacy"草图展，中国美术学院美术馆

2018 年　　第 26 届"当代世界的建筑家"建筑展，东京 GA Gallery

2019 年　　未知城市：中国当代建筑装置影像展，坪山美术馆新馆

2019 年　　第 27 届"当代世界的建筑家"建筑展，东京 GA Gallery

2019 年　　"新生于旧"，北京设计周城市更新主题展，北京前门东区青云胡同

2019 年　　CADE 建筑设计博览会，上海新国际博览中心

2020 年　　第 28 届"当代世界的建筑家"建筑展，东京 GA Gallery

1　中文部分

1.1　自述

1.1.1　大舍事务所综述

[1]　中国建筑学会建筑师分会 // 《建筑创作》杂志社 . 中国青年建筑师·当代建筑新作品——创作者自画像 [M]. 北京 : 机械工业出版社，2005.

[2]　大舍 . 当代建筑师系列 [M]. 北京 : 中国建筑工业出版社，2012.

[3]　柳亦春，陈屹峰 . 情境的呈现，大舍的郊区实践 [J]. 时代建筑，2012(01): 44-47.

[4]　柳亦春，陈屹峰 . 成长环境的外化 [J]. 中国建筑装饰装修，2012(05): 82-83.

[5]　大舍，赵清 . 离合 [M]. 北京 : 中国建筑工业出版社，2014.

[6]　柳亦春，陈屹峰 . 柳亦春 陈屹峰自述 [J]. 世界建筑，2016(05): 61+126.

[7]　柳亦春 . 内在的结构与外在的风景 [J]. 时代建筑，2016(02): 62-69.

[8]　柳亦春，陈屹峰 . 即物即境 [J]. 城市环境设计，2016(06): 23-30.

[9]　大舍 . 大舍的国际交流小史 [J]. 时代建筑 2018(02): 62.

[10]　上海市建筑学会 . 柳亦春 上海市杰出中青年建筑师 [M]. 北京 : 中国建筑工业出版社，2018.

[11]　柳亦春 . 重新理解"因借体宜"——黄浦江畔几个工业场址设计的自我辨析 [J]. 建筑学报，2019(08): 27-36.

[12]　柳亦春 . 结构的体现——一段思考与实践的侧面概述 [J]. 时代建筑，2020(03): 32-37.

[13]　柳亦春，陈屹峰 . 中国当代杰出中国青年建筑师 [J]. 建筑实践，2021(04+05): 160-162.

1.1.2　单个建筑项目

1.1.2.1　东莞理工学院电子系馆（2002-2004）

[1]　大舍 . 东莞理工学院电子系馆 [J]. 中国建筑艺术年鉴，2005: 90-91.

1.1.2.2　上海青浦夏雨幼儿园（2003-2005）

[1]　大舍 . 上海青浦夏雨幼儿园 [J]. 时代建筑，2005(03): 100-105.

[2]　大舍 . 青浦夏雨幼儿园 [J]. 中国建筑艺术年鉴，2005: 96-98.

[3]　大舍 . 青浦新城区夏雨幼儿园 [J]. 缤纷家居，2005(10): 52-55.

[4]　大舍 . 优胜奖 : 青浦新城区夏雨幼儿园，上海，中国 [J]. 时代建筑，2007(02): 26-34.

[5]　大舍 . 夏雨幼儿园 [J]. a+u 中文版，2009(2): 172-175.

[6]　大舍 . 青浦夏雨幼儿园 [J]. 中国建筑装饰装修，2010(02): 40-47.

[7]　大舍 . 夏雨幼儿园 [J]. 城市环境设计，2016(06): 60-71.

1.1.2.3　上海青浦私营企业协会办公楼（2003-2005）

[1]　大舍 . 青浦私营企业协会办公与接待中心 [J]. 中国建筑艺术年鉴，2005: 92-95.

[2]　大舍 . 设计与完成——青浦私营企业协会办公楼设计 [J]. 时代建筑，2006(01): 98-101.

[3]　大舍 . 青浦私企协会办公楼 [J]. 建筑师，2006(04): 42-49.

[4]　大舍 . 佳作奖 : 青浦区私营企业协会办公与接待中心，上海，中国 [J]. 世界建筑，2007(02): 98-101.

[5]　大舍 . 青浦私企协会办公楼 [J]. a+u 中文版，2009(2): 168-171.

1.1.2.4　朱氏会所方案（2006-）

[1]　大舍 . 朱氏会所 [J]. a+u 中文版，2009(2): 166-167.

1.1.2.5　江苏软件园吉山基地 6 号地块（2006-2008）

[1]　大舍 . 江苏软件园吉山基地 6 号地块 [J]. 中国建筑艺术年鉴，2005: 181-184.

[2]　大舍 . 江苏软件园吉山基地 6 号地块 [J]. a+u 中文版，2009(2): 158-161.

[3]　江苏软件园吉山基地 6 号地块 [J]. 城市环境设计，2016(06): 72-81.

1.1.2.6　西溪湿地艺术村 E 酒店方案（2008-）

[1]　大舍 . 西溪湿地艺术村 E 酒店 [J]. a+u 中文版，2009(2): 162-165.

1.1.2.7　嘉定新城实验幼儿园（2008-2010）

[1]　大舍 . 嘉定新城幼儿园 [J]. 中国建筑艺术年鉴，2005: 78-81.

[2]　大舍 . 嘉定新城幼儿园，上海，中国 [J]. 世界建筑，2010(10): 64-69.

[3]　柳亦春，陈屹峰 . 建筑进行时 [J]. 中国建筑装饰装修，2010(12) : 136-141.

[4]　大舍 . 嘉定新城幼儿园 [J]. 城市环境设计，

2016(12): 96-111.

――――

1.1.2.8　岳敏君工作室及住宅（2008-）

[1]　大舍．岳敏君工作室及住宅 [J]，中国建筑艺术年鉴，2005: 130-133.

[2]　大舍．岳敏君住宅与工作室 [J]. a+u 中文版，2009(02): 152-157.

――――

1.1.2.9　上海嘉定螺旋艺廊（2009-2011）

[1]　大舍．螺旋艺廊，上海，中国 [J]. 世界建筑，2012(12): 100-103.

[2]　大舍．上海嘉定螺旋艺廊 [J]. 城市环境设计，2016(12): 154-167.

――――

1.1.2.10　紫气东来艺术家工作室（2009-2012）

[1]　柳亦春，陈屹峰．螺旋艺廊：建筑与风景 [J]，中华建筑报，2012-03-20.

――――

1.1.2.11　青浦青少年活动中心（2009-2012）

[1]　柳亦春．青浦青少年活动中心 [J]. 建筑学报，2012(09): 20-26.

[2]　陈玟晴，柳亦春，陈屹峰．富实验精神的思考家 [J]. La Vie, 2013, 188: 172-173.

[3]　柳亦春，陈屹峰．小城市 青浦青少年活动中心 [J]. 室内设计与装修，2013(03): 108-115.

[4]　柳亦春，陈屹峰．青浦青少年活动中心 [J]. 城市环境设计，2015(04): 68-75.

[5]　李慧．微城 [J]. 美国室内设计，2012(08): 142-147.

[6]　大舍．青浦青年活动中心 [J]. 城市环境设计，2016(12): 82-95.

――――

1.1.2.12　大裕艺术家村（2010-）

[1]　大舍．大裕艺术家村 [M]. 北京：中国建筑工业出版社，2012: 134-137.

――――

1.1.2.13　上海国际汽车城科技创新港 D 地块（2010-2015）

[1]　陈屹峰，柳亦春．上海国际汽车城科技创新港 D 地块 [J]. 建筑学报，2016(06): 42-47.

[2]　陈屹峰，柳亦春．车间上的研发之"家"——上海国际汽车城科技创新港 D 地块设计思考 [J]. 建筑学报，2016(06): 44-49.

[3]　大舍．安亭汽车城研发创新港 D 地块 [J]. 城市建筑，2016(09): 72-79.

[4]　大舍．上海国际汽车城研发进港 D 地块 [J]. 城市环境设计，2016(12): 126-139.

[5]　中国建筑学会《建筑学报》杂志社．中国建筑设计作品选 2013-2017 [M] 上海：同济大学出版社，2018: 158-159.

1.1.2.14　上海嘉定桃李园实验学校（2010-2015）

[1]　大舍．嘉定桃李园实验学校 [J]. 建筑学报，2016(04): 88-95.

[2]　大舍．上海嘉定桃李园实验学校 [J]. 城市环境设计，2016(12): 112-125.

[3]　大舍．嘉定桃李园实验学校 [J]. 城市建筑，2017(07): 58-67.

[4]　中国建筑学会《建筑学报》杂志社．中国建筑设计作品选 2013-2017 [M] 上海：上海人民出版社，2018: 224-225.

――――

1.1.2.15　龙美术馆西岸馆（2011-2014）

[1]　柳亦春，陈屹峰，苏圣亮．龙美术馆西岸馆 [J]. 建筑学报，2014(06): 24-33.

[2]　柳亦春．介入场所的结构——龙美术馆西岸馆的设计思考 [J]. 建筑学报，2014(06): 34-37.

[3]　柳亦春．龙美术馆（西岸馆）[J]. domus 中文版 2014(01): 120-125.

[4]　柳亦春．架构的意义——龙美术馆西岸馆的设计思考 [J]. 建筑知识，2014(11): 80-85.

[5]　大舍．龙美术馆（西岸馆）[J]. 城市环境设计，2015(04): 57-67.

[6]　柳亦春，陈屹峰．伞拱之下 上海龙美术馆西岸馆 [J]. 室内设计与装修，2015(07): 70-75.

[7]　大舍．龙美术馆西岸馆，上海，中国 [J]. 世界建筑，2015(03): 146-149.

[8]　柳亦春，陈屹峰．龙美术馆（西岸馆）[J]. 世界建筑，2016(05): 106-107.

[9]　大舍．上海龙美术馆西岸馆 [J]. 城市环境设计，2016(12): 168-193.

[10]　大舍．龙美术馆西岸馆，上海，中国 [J]. 世界建筑，2022(04): 22-25.

――――

1.1.2.16　生活演习 2012 建筑空间艺术展书房（2012）

[1]　大舍．书房 [J]. 时代建筑，2012(12): 208-209.

――――

1.1.2.17　华鑫慧享中心（2013-2015）

[1]　大舍．华鑫慧享中心 [J]. 城市环境设计，2016(06): 210-223.

[2]　大舍．华鑫慧享中心 [J]. 世界建筑导报，2017(03): 105-109.

[3]　大舍．华鑫慧享中心，上海，中国 [J]. 世界建筑 2017(03): 74.

――――

1.2.2.18　西岸艺术中心（2014）

[1]　大舍．西岸艺术中心，上海，中国 [J]. 世界建筑，2016(04): 68-73.

[2]　大舍．西岸艺术中心 [J]. 城市环境设计 2016(08): 102-233.

――――

1.2.2.19　大舍西岸工作室（2014-2015）

[1]　大舍．大舍西岸工作室 [J]. 建筑学报，2016(01): 54-59.

[2]　大舍．大舍西岸工作室 [J]. 城市环境设计，2016(12): 194-209.

――――

1.1.2.20　壹基金新场乡中心幼儿园（2014-2017）

[1]　陈屹峰．壹基金援建天全县新场乡中心幼儿园 [J]. 建筑学报，2017(07): 56-61.

[2]　陈屹峰．家园的呈现 壹基金援建天全县新场乡中心幼儿园设计礼记 [J]. 时代建筑，2017(03): 96-103.

[3]　大舍．新场乡中心幼儿园 [J]. 卷宗，2017(11/12): 120-121.

[4]　大舍．儿童"村"四川天全县新场乡中心幼儿园 [J]. 室内设计与装修，2017(11): 82-87.

[5]　陈屹峰．乡村乌托邦 壹基金援建天全县新场乡中心幼儿园 [J]. 华建筑，2018, 16:80-84.

[6]　中国建筑学会《建筑学报》杂志社．中国建筑设计作品选 2017-2019 [M]. 上海：上海人民出版社，2020: 78-79.

――――

1.2.2.21　花草亭（2015）

[1]　大舍．花草亭 [J]. 城市环境设计，2016(12): 224-233.

――――

1.1.2.22　浦东美术馆（方案）（2015）

[1]　大舍．浦东美术馆（方案）[J]. 城市环境设计，2016(12): 254-261.

――――

1.1.2.23　例园茶室（2015-2016）

[1]　大舍．例园茶室 [J]. 城市环境设计，2016(12): 234-245.

[2]　坂本一成，柳亦春．方位、结构、身体、尺度 对话例园茶室 [J]. 时代建筑，2017(05): 100-103.

[3]　柳亦春，沈雯．例园茶室兴造记 [J]. 时代建筑，2017(05): 89-99.

[4]　大舍．园子里的春秋梦——例园茶室 [J]. 中国建筑装饰装修，2017(11): 60-65.

[5]　柳亦春．方寸时光——例园茶室 [J]. 中国建筑装饰装修，2020(09): 60-63.

――――

1.1.2.24　艺仓美术馆及长廊（2015-2016）

[1]　柳亦春．艺仓美术馆及其滨江长廊：废墟再生 [J]. 建筑技艺，2021(07): 36-45.

[2]　大舍．艺仓美术馆及其长廊，上海，中国 [J]. 世界建筑，2021(01): 86-91.

[3] 中国建筑学会《建筑学报》杂志社. 中国建筑设计作品选 2013-2017 [M] 上海：上海人民出版社，2020: 150-151.

────────

1.1.2.25　民生码头八万吨筒仓艺术中心（2015-2017）

[1] 大舍. 时间与地点的再定义——民生码头八万吨筒仓建筑的临时性改造与再利用 [J]. 时代建筑，2018(01): 149.

[2] 柳亦春. 时间与地点的再定义：民生码头八万吨筒仓建筑的临时性改造与再利用 [M] // 上海城市空间艺术季展览画册编委会. 连接：共享未来的公共空间：2017 上海城市空间艺术季主展览. 上海：同济大学出版社，2018: 56-57.

[3] 大舍. 民生码头八万吨筒仓改造 [J]. 建筑实践，2019(07): 66-71.

[4] 大舍. 民生码头八万吨筒仓改造 [J]. 安邸 AD，2019(06): 89.

[5] 大舍. 民生码头 8 万吨筒仓改造项目——2017 上海城市空间艺术季临时主展馆 [J]. 世界建筑，2019(01): 140.

[6] 大舍. 民生码头八万吨筒仓改造 [J]. ELLE 家居廊，2019 增刊：110-113.

[7] 大舍. 民生码头八万吨筒仓改造 [J] 建筑实践，2019(07): 66-71.

[8] 设计家. 旧空间改造—空间的嫁接与再生 [M]. 香港：设计家出版社，2019: 40-49.

[9] 中国建筑学会《建筑学报》杂志社. 中国建筑设计作品选 2013-2017[M]. 上海：同济大学出版社，2020: 186-187.

1.1.2.26　台州当代美术馆（2015-2019）

[1] 大舍. 台州当代美术馆 [J]. 城市环境设计，2016(06): 246-253.

[2] 大舍. 台州当代美术馆 裸形时刻 [J]. 家具廊，2019(11): 89.

[3] 柳亦春. 台州当代美术馆——意外的公共性 [J]. 建筑技艺，2022(07): 60-67.

1.1.2.27　重庆云阳绿道游客服务中心（2015-2019）

[1] 陈屹峰. 多重关联 重庆云阳滨江绿道游客服务中心设计思考 [J]. 时代建筑，2020(05): 125-129.

[2] 陈屹峰. 重庆云阳滨江绿道游客服务中心 [J]. 现代装饰，2020(12): 189.

1.1.2.28　后舍（2016-2018）

[1] 大舍. 私. 物. 邸 [M] // （日）原研哉. 理想家：2025. 北京：生活书店出版有限公司，2016: 112-123.

[2] 原研哉. 探索家 3——家的未来 2018[M]. 北京：中信出版社，2018: 46-57.

[3] 大舍. 凸中凹 阿那亚 × 大舍 [J]. 室内设计师，2019(03): 16-17.

[4] 中国艺术研究院建筑与公共艺术研究所. 中国建筑艺术年鉴 2018-2019[M]. 北京：文化艺术出版社，2021: 64-67.

────────

1.1.2.29　边园（2018-2019）

[1] 大舍. 杨树浦六厂滨江公共空间更新——边园 [J]. 建筑学报，2020(06): 46-51.

[2] 大舍. 杨树浦六厂滨江公共空间更新——边园 [J]. 建筑实践，2021(06): 164-169.

1.2　他人评论

1.2.1　大舍事务所综述

[1] 大舍建筑 [M]// 水晶石电脑图像公司. 青年建筑师·中国. 北京：世界建筑杂志社，知识产权出版社，2001.

[2] 徐洁，支文军. 建筑中国：当代中国建筑师事务所 40 强 [M]. 沈阳：辽宁科学技术出版社，2006: 118-125.

[3] 陈璐. 对青浦私营企业协会办公楼与夏雨幼儿园的比较阅读 [J]. 时代建筑，2006(01): 102-105.

[4] 薄宏涛. 园之较——对比大舍在青浦的两个同以"园"为意匠的建筑 [J]. 建筑师，2006(04): 64.

[5] 卜冰. "不自然"的材料情感 [J]. 城市环境设计，2009(06): 162-171.

[6] 李丹. 难得的简朴 [J]. 建筑知识，2009(05): 69-72.

[7] 邹晖. 记忆的艺术 - 关于大舍建筑设计事务所建筑作品的思考 [J]. a+u 中文版，2009(2): 147-151.

[8] 黄元炤. 20 中国当代青年建筑师 [M]. 北京：中国建筑工业出版社，2010: 362-379.

[9] 范文兵. 设计需要思考（立场），也需要形态——大舍讲座后记 [EB/OL]. [2011-09-23]. http://www.douban.com/note/174222591/.

[10] 李丹. 诗意的营造 [J]. 建筑知识，2011(03): 49-53.

[11] 李翔宁，倪旻卿. 24 个关键词图绘当代中国青年建筑师的境遇、话语与实践策略 [J]. 时代建筑，2011(02): 30-35.

[12] 薛思雯，苗壮. 动态重复与线性展开——对大舍幼儿园设计中传统空间关系的解读 [J]. 建筑师，2011(05): 34-37.

[13] 刘宇扬. 生活演习 2012 建筑空间艺术展 [J]. 城市环境设计，2012(12): 191-192.

[14] 徐洁. 建筑中国 3：当代中国建筑设计机构及其作品 [M]. 上海：同济大学出版社，2012: 130-139.

[15] 中国建筑传媒奖组委会，中国建筑思想论坛组委会. 走向公民建筑 / 南方都市报 [M]. 桂林：广西师范大学出版社，2012: 86-89.

[16] 张轶伟. 空置与超速——东莞松山湖集群设计实态研究 [J]. 新建筑，2014(01): 96-99.

[17] 青锋. 境物之间——评大舍建筑设计策略的演化 [J]. 世界建筑，2014(03): 82-91.

[18] 王凯，曾巧巧，武卿. 三代人的十年 2000 年以来建筑专业杂志话语回顾与图解分析 [J]. 时代建筑，2014(01): 160-165.

[19] 王桢栋，苗青，李晓旭. 时代与地域的对话——大舍建筑事务所设计思想解读 [J]. 建筑师，2014(05): 114-124.

[20] 史建. 中国空间设计考察——基于两个展览的机缘与挑战 [J]. 建筑学报，2014(06): 78-85.

[21] 方振宁. 建筑中国 1000=ARCHITECTURE CHINA 1000：英文 [M]. 北京：中国建筑工业出版社，2015: 071, 099, 100, 128, 129, 274, 275, 342, 493, 781, 782.

[22] 叶扬. 城市再造与城市更新：2015 北京国际设计周与上海城市空间艺术季 [J]. 世界建筑，2015(12).

[23] 10×100——UED 十年百名建筑师展 [J]. 城市环境设计，2015(12): 216-225.

[24] 刘文杰. 柳亦春：做简朴的建筑 [J]. 广西城镇建设，2015(11): 90-93.

[25] 李翔宁. 多元的建筑实践与批判的实用主义 新生代中国青年建筑师 [J]. 时代建筑，2016(01): 20-22.

[26] 青锋. 评论与被评论：关于中国当代建筑的讨论 [M]. 北京：中国建筑工业出版社，2016: 119-163.

[27] 李凌燕，支文军. 纸质媒体影响下的当代中国建筑批评场域 [J]. 世界建筑，2016(01): 45-50+127.

[28] 支文军. 超越东西南北——当代建筑中的普遍性和特殊性 [J]. 时代建筑，2016(03): 1.

[29] 李翔宁，邓圆也. 建筑评论的向度 当代建筑中的普遍性与特殊性 [J]. 时代建筑，2016(03).

[30] 曼努埃尔·夸德拉，莫尔莉. 认同——人之境况的建筑 由五个篇章和一个尾声构成的思考 [J]. 时代建筑，2016(03): 10-15.

[31] 秦洛峰，邓延龙，韩敬然. 建造逻辑同步于空间组织的设计手法研究 [J]. 建筑与文化，2016(07): 104-105.

[32] 理想家 13 例未来居住研究方案亮相威尼斯建筑双年展中国城市馆 [J]. 设计，2016(12): 95-103.

[33] 叶扬. 来自前线的报告——15 届威尼斯建筑双年展侧记 [J]. 世界建筑，2016(09): 10-13.

[34] 王骏阳 . 从 "Fab-Union Space" 看数字化建筑与传统建筑学的融合 [J]. 时代建筑, 2016(05): 90-97.

[35] 原研哉 . 理想家 : 2025[J]. 城市住宅, 2016(09): 93.

[36] 刘平, 张伟魏 . 浅谈大舍建筑实践的本质特征 [J]. 建筑工程技术与设计, 2016(05).

[37] 同济大学建筑与城市规划学院 . 同济八骏 : 中生代的建筑实践 [M]. 上海 : 同济大学出版社, 2017: 82-103.

[38] 王骏阳 . 理论 · 历史 · 批评 一 [M]. 上海 : 同济大学出版社, 2017: 224-225.

[39] 张霓珂 . 纯粹的形式, 多样的体验——对青浦青少年活动中心与龙美术馆西岸馆的比较阅读 [J]. 新建筑, 2018(01): 68-72.

[40] 许江, 杨参军, 井士剑 . 加密 [M]. 上海 : 同济大学出版社, 2018: 150-159.

[41] 冯琼, 刘津瑞 . 上海新建筑 [M]. 桂林 : 广西师范大学出版社, 2018.

[42] 陈军 . 设计过程中的因势利导——建筑师与结构工程师合作案例分析 [J]. 建筑学报, 2022(04): 61-67.

[43] 任立 . 结构的物与境——以大舍建筑事务所的实践为例 [J]. 城市建筑, 2020(01): 74-77.

[44] 陈军, 张准 . 四个结构设计案例的回顾——张准访谈 [J]. 建筑技艺, 2020(08): 64-73.

[45] 樊砚莹 . 以 "因借体宜" 造园法造工业遗园 [J]. 华中建筑, 2022(04): 64-68.

1.2.2 单个建筑项目

──────

1.2.2.1 三连宅 (2001-2002)

[1] 王方戟 . 漂浮三连宅 [J]. 时代建筑, 2003(06): 48-53.

──────

1.2.2.2 东莞理工学院电子系馆 (2002-2004)

[1] 张斌 . 大舍在东莞理工学院——电子系馆、计算机系馆和文科系馆的拼图 [J]. 时代建筑, 2004(06): 96-103.

[2] 罗瑜斌, 李丹阳 . 基于东莞高校校园建校模式的对比与评价 [J]. 华中建筑, 2014(10): 155-158.

──────

1.2.2.3 上海青浦夏雨幼儿园 (2003-2005)

[1] 祝晓峰 . 取与舍 : 对夏雨幼儿园建筑构思的评论 [J]. 时代建筑, 2007(02): 102-105.

[2] 支文军, 徐洁 . 中国当代建筑 (2004-2008) [M]. 沈阳 : 辽宁科学技术出版社, 2008: 416-425.

[3] 朱剑飞 . 中国建筑 60 年 (1949-2009) : 历史理论研究 [M]. 北京 : 中国建筑工业出版社, 2009: 288-289.

1.2.2.4 上海青浦私营企业协会办公楼 (2003-2005)

[1] 王晖 . 轻与清 [J]. 建筑师, 2006(04): 61.

[2] 陈璐 . 对青浦私营企业协会办公楼与夏雨幼儿园的比较阅读 [J]. 时代建筑, 2006(01): 102-105.

[3] 彭怒 . "建造" 与 "观念" ——评大舍的青浦私营企业协会办公楼 [J]. 建筑师, 2006(06): 65-68.

[4] 王方戟, 范蓓蕾 . 边界的承诺——"大舍" 青浦私营企业协会办公楼之分析 [J]. 建筑师, 2006(03): 73-77.

[5] 李肇颖, 张琳, 王方戟 . 游走和体验——青浦私营企业协会办公楼建筑设计分析 [J]. 世界建筑, 2007(02): 102-107.

[6] 支文军, 徐洁 . 中国当代建筑 (2004-2008) [M]. 沈阳 : 辽宁科学技术出版社, 2008: 326-337, 416-425.

[7] 顾静 . 湖边的玻璃盒子——青浦私营企业协会办公楼浅析 [J]. 小城镇建设, 2009(03): 38-42.

[8] 陶建 . 传统意境的现代建构——参观青浦区私营企业协会办公楼有感 [J]. 中国建筑信息, 2014(13): 67-69.

──────

1.2.2.5 江苏软件园吉山茶室 (2006-2008)

[1] 李涤非 . 江苏软件园吉山茶室 [J]. 艺术与设计, 2011(07-08): 64-65.

──────

1.2.2.6 江苏软件园吉山基地 6 号地块 (2006-2008)

[1] 葛明 . 大舍的 "型" [J]. 时代建筑, 2009(05): 106-111.

[2] 徐菁菁 . 设计与完成 [J]. 建筑与文化, 2016(06): 220-221.

──────

1.2.2.7 嘉定新城区燃气管理站 (2008-2009)

[1] 袁莉 . 风景的引力——上海嘉定新城燃气门站办公楼的图纸阅读笔记 [J]. 时代建筑, 2010(02): 100-105.

[2] 侯立萍 . 嘉定新城燃气管理站 [J]. 建筑知识, 2012(05): 80-83.

──────

1.2.2.8 嘉定新城幼儿园 (2008-2010)

[1] 宋宝麟 . 游移体块上的千窗百孔——嘉定新城幼儿园和燃气管理站 [J]. 设计新潮, 2010(149): 62-67.

[2] 钟力 . 重构江南——上海嘉定新城实验幼儿园阅读笔记 [J]. 中外建筑, 2013(07): 69-70.

[3] 支文军, 戴春, 徐洁 . 中国当代建筑 : 2008-

2012[M]. 上海 : 同济大学出版社, 2013: 228-239.

──────

1.2.2.9 螺旋艺廊 (2009-2011)

[1] 李品一 . 抽象的园林 [J]. 艺术与设计, 2011(10): 64-66.

[2] 刘东洋 . 观游大舍嘉定螺旋艺廊的建筑之梦 [J]. 时代建筑, 2012(01): 120-127.

[3] 李翔宁, 柳亦春, 陈屹峰 . 外柔内刚 [J]. Domus 国际中文版, 2012(61): 86-93.

[4] 麦子 . 从建筑里看风景 嘉定螺旋艺廊 [J]. 室内设计与装修, 2013(03): 101-105.

──────

1.2.2.10 青浦青少年活动中心 (2009-2012)

[1] 王辉 . 轻清江南 [J]. Domus 国际中文版, 2010, 44: 74-81.

[2] 王方戟 . 抽象秩序与现实制约间的纠缠——论青浦青少年活动中心的设计方法 [J]. 建筑学报, 2012(09): 27-29.

──────

1.2.2.11 雅昌 (上海) 艺术中心 (合作艺术家 : 丁乙) (2010-2014)

[1] 李彦伯 . 回应与自觉, 大舍新作雅昌 (上海) 艺术中心的多维阅读 [J]. 时代建筑, 2015(03): 99-106.

1.2.2.12 上海嘉定桃李园实验学校 (2010-2015)

[1] 中国建筑学会《建筑学报》杂志社 . 中国建筑设计作品选 2013-2017 [M]. 上海 : 上海人民出版社, 2018: 194-195.

[2] 米祥友 . 新时代中小学建筑设计案例与评析 (第一卷) [M]. 北京 : 中国建筑工业出版社, 2018: 10-15.

──────

1.2.2.13 龙美术馆西岸馆 (2011-2014)

[1] 茹雷 . 韵外之致——大舍建筑设计事务所的龙美术馆西岸馆 [J]. 时代建筑, 2014(04): 82-91.

[2] 王霞 . "博物馆建筑的可持续化发展" 专题沙龙综述 [J]. 东南文化, 2014(03): 122-125.

[3] 中国建筑学会《建筑学报》杂志社 . 中国建筑设计作品选 2013-2017 [M]. 上海 : 上海人民出版社, 2018: 94-95.

[4] 杨丹 . 城市滨水区的文化规划 : 以 "西岸文化走廊" 的实践为例 [J]. 上海城市规划, 2015(06): 111-115.

[5] 金秋野, 张霓珂 . 若即若离——从龙美术馆的空间组织逻辑谈起 [J]. 建筑师, 2016(06): 63-73.

──────

1.2.2.14 生活演习 2012 建筑空间艺术展书房 (2012)

[1] 刘宇扬, 冯路, 王慰慰 . 生活演习 2012 建筑空间艺术展 [J]. 城市环境设计, 2012(12): 192-194.

1.2.2.15　华鑫慧享中心（2013-2015）

[1] 莫万莉 . 日常的陌生化 上海华鑫慧享中心 [J]. 时代建筑，2016(03): 98-105.

1.2.2.16　南京紫金（新港）科创特区红枫科技园C2 地块中试园区（2014）

[1] 茹雷 . 11 秒立面 南京紫金（新港）科创特区红枫科技园 A、C 地块中试园区 [J]. 时代建筑，2015(04): 162-167.

1.2.2.17　大舍西岸工作室（2014-2015）

[1] 金秋野 . 大舍西岸工作室侧记 [J]. 时代建筑，2016(02): 70-77.

1.2.2.18　壹基金新场乡中心幼儿园（2014-2017）

[1] 刘托 . 中国建筑艺术年鉴 2016-2017[M]. 桂林：广西师范大学出版社，2018: 126-131.

1.2.2.19　花草亭（2015）

[1] 周榕 . 三亭 建构迷思与弱建构、非建构、反建构的诗意建造 [J]. 时代建筑，2016(03): 34-41.

1.2.2.20　梦想改造家"水箱之家"（2015）

[1] 刘涤宇 . "微更新"与延续，"水箱之家"改造项目的启示 [J]. 时代建筑，2016(03): 65-72.

1.2.2.21　艺仓美术馆及长廊（2015-2016）（浦东老白渡煤仓改造）

[1] 冯路 . 展览，作为另一种建筑学实践 [J]. 时代建筑，2016(01): 148-151.

[2] 李颖春 . 老白渡码头煤仓改造 一次介于未建成与建成之间的"临时建造"[J]. 时代建筑，2016(02): 78-85.

[3] 莫万莉 . 废墟时间中的美术馆 艺仓美术馆 [J]. 时代建筑，2018(06): 92-97.

[4] 林莹 . 艺仓美术馆：生成一份独特的艺术体验 [J]. 中国广告，2018(10): 37-38.

1.2.2.22　民生码头八万吨筒仓艺术中心（2015-2017）

[1] 游威玲 . 2017 上海城市空间艺术季揭幕 民生码头老粮仓连接城市集体记忆 [J]. di 设计新潮，no.186: 140-145.

[2] 马宏 . 民生码头八万吨筒仓一期改造 2017 上海城市空间艺术季主展场馆多重限定下的改造策略 [J]. 时代建筑，2018(01): 142-148.

[3] 韩文强，孟娇 . 对话老建筑：老建筑保护与改造 [M]. 北京：机械工业出版社，2020: 166-175.

[4] 赖伯威 . 重生之路：基础设施的死于生，全球经典案例图解 [M]. 新北市：联经出版事业股份有限公司，2020: 120-121.

1.2.2.23　台州当代美术馆（2015-2019）

[1] 莫万莉 . BRUTAL VISION 台州当代美术馆 [J]. 卷宗，2019(05): 160-165.

[2] 青锋 . 墙后絮语 关于台州当代美术馆的讨论 [J]. 时代建筑，2019(05): 76-89.

[3] 青锋 . 墙后絮语——关于台州当代美术馆的讨论 [M]// 青锋 . 飞翔的代达罗斯 . 北京：中国建筑工业出版社，2020: 238-265.

1.2.2.24　边园（2018-2019）

[1] 莫万莉 . 边园中的基本元素 [J]. 时代建筑，2020(03): 104-111.

[2] 张宇星 . 废墟的四重态——大舍新作"边园"述评 [J]. 建筑学报，2020(06): 52-57.

[3] 王骏阳 . "边园"访后记 [J]. 建筑师，2020(04): 53-60.

[4] 杨雍恩 . 边园之旅：黄浦江畔的时代转变 [J]. 新建筑，2020(03): 90-95.

[5] 黄元炤 . 中国建筑当代实录（第一辑）[M]. 北京：中国建筑工业出版社，2022.

1.2.2.25　琴台美术馆（2016-2021）

[1] 汪原 . 具象形式下的抽象与思辨——武汉琴台美术馆述评 [J]. 建筑学报，2022(07).

[2] 夏琼 . 琴台美术馆 现代建筑的东方思考——长江日报独家专访设计者中 [N]. 长江日报，2022-6-13(5).

[3] 夏琼 . 琴台美术馆的黄昏 或许会变成一种风景的代名词——武汉晚报独家专访琴台美术馆设计者、著名建筑师柳亦春 [N]. 武汉晚报，2022-6-13(4).

[4] 刘拾尘，张康雯，胡辟 . 山水即画——评武汉琴台美术馆 [J]. 时代建筑，2022(04).

1.3　采访录、对谈录

[1] 柳亦春，庄慎，陈屹峰，冯恪如，秦蕾 . Domus+ 大舍 [M]// 于冰 . Domus+78 中国建筑师 \ 设计师 . 北京：中国建筑工业出版社，2006: 172-175.

[2] 李东，黄居正，易娜 . 思想无言——"大舍"主创建筑师访谈 [J]. 建筑师，2006(04): 52-60.

[3] 何莹 . 不再是边缘——访大舍工作室 [J]. 中外建筑，2007(03): 1-5.

[4] 李丹 . 难得的简朴 [J]. 建筑知识，2009(05): 69-72.

[5] 王家浩 . 访谈：大舍建筑设计事务所与情与理 [J]. a+u 中文版，2009(2): 176-179.

[6] 童明，董豫赣，葛明 . 园林与建筑 [M]. 北京：中国水利水电出版社，知识产权出版社，2009: 58-95, 96.

[7] 柳亦春，陈屹峰 . 空间的力量 [J]. 中国建筑装饰装修，2010(02): 30-31.

[8] 王方戟 . 对话大舍——关于上海嘉定新城实验幼儿园的现场问答 [J]. 时代建筑，2010(04): 128-137.

[9] 郭屹民，王骏阳，王方戟，李翔宁，丁沃沃，葛明，李凯生，柳亦春 . 对话中国：架构·材料 / 形式·现实 [M]// 郭屹民 . 建筑的诗学：对话·坂本一成的思考 . 南京：东南大学出版社，2011: 010-038

[10] 孙思瑶，陈屹峰，陈屹峰 . 思维的深度、表达的广度、作品的完成度都在进步 [J]. 城市环境设计，2012(02): 179.

[11] 徐明怡，柳亦春 . 柳亦春：若即若离的美学 [J]. 室内设计师，2012(35): 166-171.

[12] 徐明怡，陈屹峰 . 陈屹峰：现实与实现 [J]. 室内设计师，2012(36): 168-171.

[13] 张斌，柳亦春，陈屹峰 . 对话大舍 关于上海青浦青少年活动中心的讨论 [J]. 时代建筑，2012(04): 100-107.

[14] 柳亦春，陈屹峰 . 关系的建筑柳亦春、陈屹峰对谈录 [J]. 室内设计与装修，2013(03): 101-102.

[15] 柳亦春，陈屹峰 . 小城市 青浦青少年活动中心 [J]. 室内设计与装修，2013(03): 108-115.

[16] 赵扬，柳亦春，陈屹峰，张轲 . 演进中的自我 柳亦春、张轲、陈屹峰、赵扬对谈 [J]. 时代建筑，2013(04): 44-47.

[17] 城市笔记人 .【城市笔记：之 16】《这三年》[J]. 建筑师，2013(05): 111-128.

[18] 庄慎，张斌 . 关于上海国际汽车城东方瑞仕幼儿园的一次对谈 [J]. 时代建筑，2014(01): 92-101.

[19] 行业动态 [J]. 城市环境设计，2014(01): 229, 237-241.

[20] 张晓春，尹珅 .《时代建筑》"材料与设计"论坛综述 [J]. 时代建筑，2014(05): 130-133.

[21] 王方戟 . 引言 [J]. 建筑师，2014(03): 6.

[22] 冯路，柳亦春 . 关于西岸龙美术馆形式与空间的对谈 [J]. 建筑学报，2014(06): 37-41.

[23] 胡冲，刘骏，吴钢，彭礼孝，丁沃沃，何志塘，李文虹，李立，柳亦春，陆星星，王兴田，吴昊，吴永发，张佳晶，张应鹏，章明 . 品谈纪实 [J]. 城市环境设计，2014(06): 208-211.

[24] 城市笔记人 .【城市笔记：之 20】浇筑进西岸龙美术馆里的日日夜夜 [J]. 建筑师，2014(06): 118-135.

[25] 章明，柳亦春，袁烽．龙美术馆西岸馆的建造与思辨——章明、袁烽与柳亦春对谈 [J]．建筑技艺，2014(07): 36-49.

[26] 刘东洋，柳亦春．新大舍——柳亦春谈近作 [J]．建筑学报，2016(01): 60-65.

[27] 张斌，祝晓峰，陈屹峰，柳亦春．限制与突围：学校幼儿园设计四人谈 [J]．建筑学报，2016(04): 96-103.

[28] 奥山信一，柳亦春．与奥山信一的对话：有关龙美术馆的建筑学讨论 [J]．城市环境设计，2016(06): 31-38.

[29] 陆少波，李一纯，平辉，柳亦春．向筱原一男学习 访谈：长谷川豪 & 柳亦春 & 郭屹民 [J]．南方建筑，2013(05): 33-41.

[30] 侯立萍．江南雨——青浦青少年活动中心 [J]．建筑知识，2013(01): 40-57.

[31] 王桢栋，苗青，李晓旭．时代与地域的对话——大舍建筑事务所设计思想解读 [J]．建筑师，2014(05): 114-125.

[32] 城市笔记人．【城市笔记：之二十六】：当下，作品能否还汇聚？[J]．建筑师，2016(03): 122-135.

1.4 大舍对他人的评论或著述

[1] 柳亦春．我在柏林看"土木"[J]．设计新潮，2002(01): 102-103.

[2] 柳亦春．窗非窗，墙非墙——张永和的建造与思辨 [J]．时代建筑，2002(05): 40-43.

[3] 亨利·考伯，钟文凯，柳亦春．浦项广场 [J]．时代建筑，2003(01): 112-141.

[4] 柳亦春．窗非窗，墙非墙——张永和的建筑与思辨 [M] // 张永和．平常建筑．北京：中国建筑工业出版社，2002: 46-55.

[5] 张斌，柳亦春．青年建筑师 [J]．时代建筑，2003(05): 136-137.

[6] 张斌，柳亦春．青年建筑师 [J]．时代建筑，2004(01): 156-157.

[7] 柳亦春．从每期主题看《时代建筑》[J]．时代建筑，2004(02): 38-39.

[8] 柳亦春．"C 楼"内外 [J]．室内设计与装修，2004(10): 24-31.

[9] 张斌，刘涤宇，柳亦春．青年建筑师 [J]．时代建筑，2006(05): 166-167.

[10] 柳亦春．图纸与建筑从一座幼儿园的设计与建造看中国建筑的现实 [J]．时代建筑，2009(05): 118-125.

[11] 柳亦春．像鸟儿那样轻 从石上纯也设计的桌子说起 [M] // 彭怒，王飞，王骏阳．建构理论与当代中国．上海：同济大学出版社，2012: 99-114.

[12] 柳亦春．像鸟儿那样轻——从石上纯也设计的桌子说起 [J]．建筑技艺，2013(02): 38-47.

[13] 柳亦春．大舍·越来越轻的建造史 [J]．城市环境设计，2013(02): 98-99.

[14] 柳亦春．从具体到抽象，从抽象到具体 [J]．建筑师，2013(01): 112-115.

[15] 路易斯·马尔多纳多—拉莫斯，汪孝安，柳亦春．关于建筑与结构关系的探讨 [J]．时代建筑，2013(5): 95-96.

[16] 柳亦春．评西班牙建筑 1997-2007[M]．西班牙建筑（1997-2007），北京：中国电力出版社，2008.

[17] 柳亦春．网津小学校[M] //（日）坂本一成，郭屹民．反高潮的诗学：坂本一成的建筑．上海：同济大学出版社，2015: 160-165.

[18] 柳亦春．评论的作用 [M]// 青锋．评论与被评论：关于中国当代建筑的讨论．北京：中国建筑工业出版社，2016: 171-175.

[19] 陈屹峰．对境物之间的回应 [M]// 青锋．评论与被评论：关于中国当代建筑的讨论．北京：中国建筑工业出版社，2016: 165-169.

[20] 柳亦春．结构为何? [J]．建筑师，2015(02): 44-51.

[21] 柳亦春．台基、柱梁与屋顶——从即物性的视角看佛光寺建筑的三个要素 [J]．建筑学报，2018(09): 11-18.

2 外文刊物

2.1 大舍事务所综述

[1] Alors, la Chine? [M]. Paris: Centre Pompidou, 2003.

[2] LIU YICHUN. Shanghai Architects [J]. A+U May Special Issue: Beijing. Shanghai Architecture Guide, 2005: 146-147.

[3] CAROLINE, KLEIN, AND EDUARD, KÖGEL. Made in China-Neue chinesische Architektur[M]. München: Deutsche Verlags Anstalt, 2005.

[4] NEDERLANDS ARCHITECTUURINSTITUUT. 中国当代 China Contemporary[M]. Rotterdam: NAi Publishers, 2006.

[5] HARM TILMAN. Tussen Mondiallsme en Individualisme Chinese Architectuur Zoekt Eigen Weg [J]. de Architect, 2006, 37: 38-39.

[6] JODIDIO PHLIP. Architecture in China [M]. Köln: TASCHEN, 2007.

[7] WEI XIAOLI. L'architecture Contemporaine Chinoise[M]. Paris: Aux Editions Des Cendres, 2018.

[8] Atelier Deshaus. Asia discover Asia [J]. SINGAPORE ARCHITECT 2007, 237(02/03): 78-79.

[9] MANUELA DI MARI. Sorella Storia, Fratello Contemporaneo Sister History, Brother Contempopary[J]. Design Diffusion News, 2008, 155: 144-149.

[10] MOODY ALYS. Middel Kindom: Urban Acupuncture [J]. Specifier, 2008, 81: 26-31.

[11] BERT DE MUYNCK. Deshaus: Slow Down [J]. Mark Another Architecture, 2010, 28 : 84-95.

[12] ATELIER DESHAUS, Atelier Deshaus. Shanghai [J]. Architectural Record Design Vanguard, 2011, 12: 54-59.

[13] ATELIER DESHAUS. A Beauty of Li(Detachment) [J]. SPACE, 2011, 528 : 47-51.

[14] CUI KAI, Chinese Contemporary Architecture [M]. London: Design Book Limited, 2012.

[15] HARTOG HARRY DEN. Shopping for history: despite a significant number of compromises, the Shangduli Leisure Plaza in Zhujiajiao represents a milestone in recent Chinese urban development [J]. Mark: Another Architecture, 2013, 43: 164-171.

[16] HOFFMANN-LOSS FANNY. Empfehlungen: neu in Shanghai (CHN) [J]. db: Deutsche Bauzeitung, 2014, 148: 64-65.

[17] Edelmann, Frederic. "Dossier. Architectures chinoises: une decennie pour se reinventer [Chinese architecture: a decade to reinvent it]." D'architectures no. 230 (October 2014): 39-71.

[18] 市川紘司. 中国当代建築：北京オリンピック、上海万博以後 [M]. 東京：フリックスタジオ, 2014.

[19] LI XIANGNING. Una nuova qualità in cina: Atelier Deshaus [J]. The Plan, 2015, 87: 31-38.

[20] ROMERO ARTURO. Atelier Deshaus el Sutil Juego de la Abstracción [J]. ROOM, 2018, 21: 72-81.

[21] LIU YICHUN. Responsive Structure: Architecture as a Thing-scape [M]//Architectural Design, London: Wiley, 2018, 256: 88-93.

[22] CHAZALON ROMAIN. Chine, Construire L'Heritage [M]. Saint- Etienne: Publications de l'Universite, 2019.

[23] VILLA ALESSANDRO. Chinese Spirit [J]. Interni, 2019, 11: 34-39.

[24] SCHITTICH CHRISTIAN. China's New Architecture [M]. Basel: Birkhaeuser, 2019.

[25] ADAM HUBERTUS. Chinesische Erbschaften [J]. Werk,bauen+wohnen, 2020, wbw1/2: 61-67.

[26] BELOGOLOVSKY VLADIMIR. China Dialogues [M]. Los Angeles: ORO Editions, 2022.

2.2 单个建筑项目

2.2.2.1 Electron Department, Dongguan Institute of Technology (2002-2004)

[1] Atelier Deshaus. Dongguan Institute of Technology [J]. AREA, 2015, 78: 58-65.

2.2.2.2 Xiayu Kindergarten Shanghai (2003-2005)

[1] ATELIER DESHAUS. Xiayu Kindergarten [J]. Lotus international, 2010, 141: 36-39.

[2] ATELIER DESHAUS. Xiayu Kindergarten [J]. AREA, 2006, 85: 120-127.

2.2.2.3 Kindergarten of Jiading New Town (2008-2010)

[1] MATTEO VERCELLONI. Atelier Deshaus Asilo a Jiading, Jiading, Shanghai [J]. Casabella, 2011, 807: 78-83.

[2] ATELIER DESHAUS. Jardín de infancia en Jiading, Shanghái Kindergarten in Jiading, Shanghai [J]. Arquitectura Viva, 2011, 150: 108-115.

[3] ATELIER DESHAUS. Kindergarten in Jiading New Town [J]. C3 Korea, 2013, 343: 38-49.

———

2.2.2.4　Spiral Art Gallery (2009-2011)

[1] ATELIER DESHAUS. Spiral Art Gallery [J]. Wallpaper, 2011, 152.

———

2.2.2.5　Youth Center of Qingpu (2009-2012)

[1] ATELIER DESHAUS. Qingpu Youth Center [J]. C3 Korea, 2012, 340: 188-201.

[2] LEE SUN-A. Qingpu Youth Center [J]. Architecture & Culture, 2012, 375: 54-61.

———

2.2.2.6　Artron (Shanghai) Arts Center, Shanghai (2010-2014)

[1] HARRY DEN HARTOG. Red Box: the red-tiled Ya Chang Art Center is at the core of a Shanghai industrial site renovated by Atelier Deshaus. The complex houses a producer of art books [J]. Mark: Another Architecture, 2015, 56: 92-99.

———

2.2.2.7　Long Museum West Bund (2011-2014)

[1] WILLIAMS AUSTIN. Cleft Bank [J]. The Architectural Review, 2014, 1412: 42-55.

[2] ADAM HUBERTUS. Long Museum in Schanghai [J]. Detail, 2014, 54: 1162-1164.

[3] ATELIER DESHAUS. Long Museum West Bund [J]. AREA, 2014, 137:118-131.

[4] WILLIAMS AUSTIN. Runner Up: Concrete umbrella [J]. The Architectural Review, 2014, 1414: 60-63.

[5] ATELIER DESHAUS. Long Museum West Bund [J]. C3 Korea, 2014, 364: 26-43.

[6] EMMA ÁNGSTRÖM. Rum för Kontemplation [J]. RUM, 2014, 154: 124-134.

[7] JACOBSON CLARE. Catalytic Converter [J]. Architectural Record, 2014(08): 64-68.

[8] LI XIANGNING. Bóvedas Fabriles: Atelier Deshaus, Long Museum in Shanghai [J]. Arquitectura Viva, 2015, 177: 38-45.

[9] ADAM HUBERTUS. Neue Strukturen für die Kunst [J]. Archithese, 2014, 44: 10-14.

[10] ATELIER DESHAUS. Long Museum West Bund [J]. GA Document, 2015, 131: 100-117.

[11] MURPHY DOUGLAS. Long Museum West Bund [J]. Icon, 2015, 140: 46-47, 49.

[12] MACIEJ LEWANDOWSKI. Muzeum SZTUKI w Szanghaju [J]. Architektura, 2015, 246: 92-103.

[13] ADAM HUBERTUS. Baustein für die Kultur [J]. Baumeister, 2015, 112: 36-45.

[14] JONES NICK. Under the umbrella; Architects: Atelier Deshaus [J]. Concrete quarterly, 2015, 253: 11.

[15] FERNÁNDEZ-GALIANO LUIS. 2015 en doce edificios = 2015 in twelve buildings [J]. AV Monografías = AV Monographs, 2016, 183: 238-245.

[16] LIONEL BLAISSE. Visite du Long Museum-accompagnee de Nicolas Cregut [J]. Architecture Interieure, 2016, 369: 54-61.

[17] ATELIER DESHAUS. Long Museum West Bund [J]. A+U: Architecture & Urbanism, 2016, 546: 20-27.

[18] INTERIOR DESIGN(Ed.). Chinese Architecture Today [M]. Basel: Birkhauser, 2016.

[19] ART CENTRE BASEL. New Museums: Intentions, Expectations, Challenges [M]. Munich: Hirmer Verlag, 2017.

[20] ATELIER DESHAUS. Long Museum West Bund [J]. Architecture Asia: ARCASIA Awards for Architecture 2020, 2020:58-61.

[21] KLANTEN ROBERT. Beauty and the East: New Chinese Architecture [M]. Berlin: Gestalten, 2021

———

2.2.2.8　Atelier Deshaus Office on West Bund (2014-2015)

[1] ATELIER DESHAUS. Atelier Deshaus [J]. Architecture China, 2019, Summer: 68-77.

———

2.2.2.9　Shanghai Modern Art Museum (2015-2016)

[1] ATELIER DESHAUS. Shanghai Modern Art Museum [J]. Architecture China, 2018, Fall: 82-91.

[2] ATELIER DESHAUS. Shanghai Modern Art Museum, Shanghai, 2016 [J]. Bauwelt, 2021: 19.

———

2.2.2.10　Teahouse in Li Garden (2015-2016)

[1] LIU YICHUN. Tea House in Li Garden [J]. A+U: Architecture and Urbanism, 2017, 563: 18-25.

[2] ATELIER DESHAUS. Tea House in Li Garden [J].Architecture China, 2021, 05: 62-65.

[3] JAN CREMERS, PETER BONFIG, DAVID OFFTERMATT. Kompakte Hofhäuser [M]. 2021: 16-17.

[4] ATELIER DESHAUS. Courtyard Teahouse [M]. Beauty and the East - New Chinese Architecture. Gestalten, 2021: 32-35.

———

2.2.2.11　Taizhou Contemporary Art Museum (2015-2019)

[1] ATELIER DESHAUS. Arte Concreto Taizhou Contemporary Art Museum [J]. Arquitectura Viva, 2018, 210 : 16-19.

[2] ATELIER DESHAUS. Taizhou Contemporary Art Museum [J]. GA Document International 2016, 2016, 137 : 74-79.

———

2.2.2.12　Yuyang Riverfront Visitor Center (2015-2019)

[1] ATELIER DESHAUS. Yuyang Riverfront Visitor Center [J]. C3 Korea, 2021, 413: 124-135.

———

2.2.2.13　Qintai Art Museum (2016-2021)

[1] ATELIER DESHAUS. Qintai Art Museum [J]. GA Document International 2019, 2019, 151 : 54-59.

[2] ATELIER DESHAUS. Qintai Art Museum [J]. Architecture China, 2022 Fall.

———

2.2.2.14　Golden Ridge Upper-Cloister (2016-2022)

[1] ATELIER DESHAUS. Golden Ridge Upper-Cloister [J]. GA Document International 2018, 2018, 147 : 96-101.

———

2.2.2.15　Long Museum Jingmen (2017)

[1] ATELIER DESHAUS. Long Museum Jingmen [J]. GA Document International 2017, 2017, 142: 108-113.

———

2.2.2.16　Riverside Passage (2018-2019)

[1] ATELIER DESHAUS. Riverside Passage [J]. Architecture China,2020, Winter: 14-21.

———

2.2.2.17　Shangmakan & White tea Museum (2019-)

[1] ATELIER DESHAUS. Shangmakan & White tea Museum [J]. GA Document International 2020, 2020, 154: 110-113.

———

2.2.2.18　Zhangjiagang Art Museum (2020-)

[1] ATELIER DESHAUS. Zhangjiagang Art Museum [J]. GA Document International 2021, 2021, 157: 58-63.

No.01

No.05

No.09

No.02

No.06

No.10

No.03

No.07

No.11

No.04

No.08

No.12

No.13

No.17

No.21

No.14

No.18

No.22

No.15

No.19

No.23

No.16

No.20

No.24

■ No.13 2014-2014

西岸艺术中心

项目地点：上海市徐汇区龙腾大道 2555 号

建筑面积：10800m^2

设计时间：2014.02-2014.07

竣工时间：2014.09

摄 影 师：苏圣亮

文+图 Text+Drawing P 257　照片 Photo P 261

■ No.17 2015-2015

花草亭

项目地点：上海市淮海西路 570 号

建筑面积：96m^2

设计时间：2015.04-2015.10

竣工时间：2015.11

摄 影 师：陈颢、田方方、周鼎奇

文+图 Text+Drawing P 309　照片 Photo P 313

■ No.21 2015-2017

上海民生码头八万吨筒仓艺术中心

项目地点：上海市浦东新区民生路 3 号

建筑面积：16322m^2

设计时间：2015.10-2017.10

竣工时间：2017.10

摄 影 师：苏圣亮、田方方

文+图 Text+Drawing P 369　照片 Photo P 373

■ No.14 2014-2017

壹基金新场乡中心幼儿园

项目地点：四川省天全县新场乡丁村

建筑面积：1500m^2

设计时间：2014.10-2015.04

竣工时间：2017.01

摄 影 师：苏圣亮

文+图 Text+Drawing P 271　照片 Photo P 275

■ No.18 2015-2019

台州当代美术馆

项目地点：浙江台州椒江区沙门粮库文创区

建筑面积：2454m^2

设计时间：2015.05-2015.09

竣工时间：2019.04

摄 影 师：田方方

文+图 Text+Drawing P 319　照片 Photo P 323

■ No.22 2016-2021

琴台美术馆

项目地点：湖北省武汉市汉阳区知音大道

建筑面积：43000m^2

设计时间：2016.05-2018.09

竣工时间：2021.10

摄 影 师：田方方、苏圣亮

文+图 Text+Drawing P 383　照片 Photo P 391

■ No.15 2014-2015

大舍西岸工作室

项目地点：上海市徐汇区龙腾大道 2555 号

建筑面积：430m^2

设计时间：2014.11-2015.04

竣工时间：2015.11

摄 影 师：陈颢、田方方

文+图 Text+Drawing P 285　照片 Photo P 289

■ No.19 2015-2016

上海艺仓美术馆　上海艺仓美术馆滨江长廊

项目地点：上海市浦东新区滨江大道 4777 号

建筑面积：9180m^2

设计时间：2015.05-2016.10

竣工时间：2016.12

摄 影 师：田方方

文+图 Text+Drawing P 333　照片 Photo P 341

■ No.23 2016-2018

后舍

项目地点：北京国家体育场（鸟巢）南广场

建筑面积：160m^2

设计时间：2016.01-2018.04

竣工时间：2018.09

摄 影 师：田方方、吴清山

文+图 Text+Drawing P 409　照片 Photo P 413

■ No.16 2015-2019

云阳滨江绿道游客服务中心

项目地点：重庆市云阳县滨江大道、青龙路

建筑面积：9011m^2

设计时间：2015.01-2016.08

竣工时间：2019.10

摄 影 师：苏圣亮

文+图 Text+Drawing P 295　照片 Photo P 299

■ No.20 2015-2016

例园茶室

项目地点：上海市徐汇区龙腾大道 2555 号

建筑面积：19m^2

设计时间：2015.09-2015.12

竣工时间：2016.06

摄 影 师：田方方

文+图 Text+Drawing P 355　照片 Photo P 359

■ No.24 2018-2019

边园

项目地点：上海杨浦区杨树浦路 2524 号

建筑面积：268m^2

设计时间：2018.03-2018.11

竣工时间：2019.10

摄 影 师：田方方、陈颢、柳亦春

文+图 Text+Drawing P 419　照片 Photo P 423

01
项目名称：三联宅
项目地点：江苏省昆山市淀山湖镇
设计团队：庄慎、柳亦春、陈屹峰
合作设计：昆山市建筑设计院
委托机构：昆山新延房地产开发有限公司
建筑面积：460m²
设计时间：2001.05-2001.07
竣工时间：2002.03

02
项目名称：东莞理工学院文科楼
项目地点：广东省东莞市松山湖新城
设计团队：陈屹峰、柳亦春、庄慎
合作设计：同济大学建筑设计研究院（集
　　　　　团）有限公司
委托机构：东莞理工学院新校区筹备建
　　　　　设领导小组办公室
建筑面积：9150m²
设计时间：2002.07-2003.01
竣工时间：2004.05

03
项目名称：东莞理工学院电子系馆
项目地点：广东省东莞市松山湖新城
设计团队：柳亦春、庄慎、陈屹峰
合作设计：同济大学建筑设计研究院（集
　　　　　团）有限公司
委托机构：东莞理工学院新校区筹备建
　　　　　设领导小组办公室
建筑面积：20860m²
设计时间：2002.07-2003.01
竣工时间：2004.08

04
项目名称：东莞理工学院计算机馆
项目地点：广东省东莞市松山湖新城
设计团队：庄慎、柳亦春、陈屹峰
合作设计：同济大学建筑设计研究院（集
　　　　　团）有限公司
委托机构：东莞理工学院新校区筹备建
　　　　　设领导小组办公室
建筑面积：15310m²
设计时间：2002.07-2003.01
竣工时间：2004.05

05
项目名称：夏雨幼儿园
项目地点：上海市青浦新城华乐路 301 号
设计团队：陈屹峰、柳亦春、庄慎、范
　　　　　敏姬
合作设计：同济大学建筑设计研究院（集
　　　　　团）有限公司
委托机构：上海市青浦区住宅发展局
建筑面积：6328m²
设计时间：2003.08-2004.04
竣工时间：2005.01

06
项目名称：青浦区私营企业协会办公与
　　　　　接待中心
项目地点：上海市青浦区青龙路
设计团队：庄慎、陈屹峰、柳亦春、唐煜
合作设计：上海魏珬工程结构设计事务所、
　　　　　上海叶茂机电设计事务所
委托机构：上海市工商行政管理局青浦
　　　　　分局
建筑面积：6745m²
设计时间：2003.12-2004.06
竣工时间：2005.07

07
项目名称：青浦区朱家角港监站
项目地点：上海市青浦区朱家角酒龙路
设计团队：陈屹峰、柳亦春、庄慎、张懿
合作设计：上海魏珬工程结构设计事务所、
　　　　　上海叶茂机电设计事务所
委托机构：上海朱家角投资开发有限公司
建筑面积：360m²
设计时间：2004.10-2005.06
竣工时间：2006.12

08
项目名称：青浦甜甜幼儿园
项目地点：上海市青浦区五库浜路
设计团队：柳亦春、陈屹峰、庄慎、彭旭
委托机构：上海青浦新城区建设发展（集
　　　　　团）有限公司
建筑面积：4500m²
设计时间：2005.07-2006.01

09
项目名称：朱氏会所
项目地点：上海市青浦区朱家角镇
设计团队：庄慎、柳亦春、陈屹峰、何勇
合作设计：同济大学建筑设计研究院（集团）有限公司
委托机构：宏大集团
建筑面积：1000m²
设计时间：2006.03-2006.09

10
项目名称：南京吉山软件园研发办公庭院
项目地点：江苏省南京市江宁区吉山软件园
设计团队：陈屹峰、柳亦春、庄慎、陈娟
合作设计：同济大学建筑设计研究院（集团）有限公司
委托机构：江苏兴园软件园开发建设有限公司
建筑面积：12000m²
设计时间：2006.05-2006.12
竣工时间：2008.07

11
项目名称：南京吉山软件园吉山基地7号地块
项目地点：江苏省南京市江宁区吉山软件园
设计团队：陈屹峰、柳亦春、庄慎、陈娟
合作设计：同济大学建筑设计研究院（集团）有限公司
委托机构：江苏兴园软件园开发建设有限公司
建筑面积：8000m²
设计时间：2006.05-2006.12
竣工时间：2008.07

12
项目名称：江苏软件园吉山基地茶室
项目地点：江苏省南京市江宁区吉山软件园
设计团队：陈屹峰、柳亦春、庄慎、陈娟
合作设计：同济大学建筑设计研究院（集团）有限公司
委托机构：江苏省南京市江宁区吉山软件园
建筑面积：571m²
设计时间：2006.05-2006.12
竣工时间：2008.07

13
项目名称：青浦区水文勘测站
项目地点：上海市青浦区海盈路
设计团队：柳亦春、陈屹峰、庄慎、彭旭、刘谦、王龙海
合作设计：上海亚新工程顾问有限公司
委托机构：上海市青浦区水文勘测队
建筑面积：1840m²
设计时间：2006.12-2011.06

14
项目名称：西溪湿地艺术村E酒店
项目地点：浙江省杭州市西溪湿地
设计团队：柳亦春、陈屹峰、庄慎、王龙海、王岳
合作设计：上海亚新工程顾问有限公司
委托机构：杭州西溪国家湿地公园三期工程建设指挥部
建筑面积：6400m²
设计时间：2008.01-2009.01

15
项目名称：嘉定新城区规划展示馆
项目地点：上海市嘉定区伊宁路永盛路
设计团队：庄慎、柳亦春、陈屹峰、黄东、周静
合作设计：同济大学建筑设计研究院（集团）有限公司
委托机构：上海嘉定新城发展有限公司
建筑面积：2250m²
设计时间：2008.01-2009.02
竣工时间：2009.09

16
项目名称：嘉定新城区燃气管理站
项目地点：上海市嘉定区伊宁路永盛路
设计团队：陈屹峰、柳亦春、庄慎、刘谦
合作设计：同济大学建筑设计研究院（集团）有限公司
委托机构：上海嘉定新城发展有限公司
建筑面积：2250m²
设计时间：2008.03-2008.09
竣工时间：2009.09

17
项目名称：嘉定新城幼儿园
项目地点：上海市嘉定区洪德路933号
设计团队：陈屹峰、柳亦春、庄慎、王舒轶、刘谦
合作设计：同济大学建筑设计研究院（集团）有限公司
委托机构：上海市嘉定区教育局
建筑面积：6600m²
设计时间：2008.04-2008.12
竣工时间：2010.03

18
项目名称：岳敏君工作室及住宅
项目地点：上海市嘉定区大裕村
设计团队：柳亦春、陈屹峰、王龙海
合作设计：上海亚新工程顾问有限公司
委托机构：私人业主
建筑面积：1400m²
设计时间：2008.07-2009.09

19
项目名称：青浦淀山湖绿地公共厕所
项目地点：上海市青浦区淀山湖大道
设计团队：柳亦春、陈屹峰、王龙海
合作设计：上海亚新工程顾问有限公司
委托机构：上海市青浦新城区建设发展（集团）有限公司
建筑面积：107m²
设计时间：2009.03-2009.06
竣工时间：2010.11

20
项目名称：宁国禅寺（设计竞赛第一名）
项目地点：上海市徐汇区华泾路
设计团队：柳亦春、陈屹峰、王龙海
委托机构：徐汇区华泾镇宁国禅寺
建筑面积：7000m²
设计时间：2009.05-2009.10

21
项目名称：青浦青少年活动中心
项目地点：上海市青浦区华科路 268 号
设计团队：柳亦春、陈屹峰、高林、
　　　　　刘谦、王龙海
合作设计：同济大学建筑设计研究院（集
　　　　　团）有限公司
委托机构：上海青浦国有资产监督与管
　　　　　理委员会
建筑面积：6612m²
设计时间：2009.07-2010.01
竣工时间：2012.02

22
项目名称：螺旋艺廊 I
项目地点：上海市嘉定区天祝路紫气东
　　　　　来公园
设计团队：柳亦春、陈屹峰、范蓓蕾
合作设计：上海市建筑材料工业设计研
　　　　　究院
委托机构：上海嘉定新城发展有限公司
建筑面积：250m²
设计时间：2009.09-2010.02
竣工时间：2011.06

23
项目名称：螺旋艺廊 II
项目地点：上海市嘉定区天祝路紫气东
　　　　　来公园
设计团队：陈屹峰、柳亦春、李珺
合作设计：上海市建筑材料工业设计研
　　　　　究院
委托机构：上海嘉定新城发展有限公司
建筑面积：500m²
设计时间：2009.09-2010.02
竣工时间：2011.06

24
项目名称：上海国际汽车城研发港
项目地点：上海市嘉定区安虹路、安拓路
设计团队：陈屹峰、柳亦春、宋崇芳、
　　　　　王龙海、范蓓蕾
合作设计：上海建筑设计研究院有限公司
委托机构：上海国际汽车城发展有限公司
建筑面积：36600m²
设计时间：2010.01-2012.12
竣工时间：2015.06

25
项目名称：鄂尔多斯 2010 P9 办公楼
项目地点：鄂尔多斯东胜区
设计团队：柳亦春、陈屹峰、王龙海
委托机构：内蒙古盛邦投资有限公司
建筑面积：13500m²
设计时间：2010.02-2010.09

26
项目名称：鄂尔多斯 2010 T7 办公楼
项目地点：鄂尔多斯东胜区
设计团队：陈屹峰、柳亦春、高林
委托机构：内蒙古盛邦投资有限公司
建筑面积：15110m²
设计时间：2010.02-2010.09

27
项目名称：大裕艺术家村
项目地点：上海市嘉定区大裕村
设计团队：柳亦春、陈屹峰、王舒轶、
　　　　　李珺、王龙海
合作设计：同济大学建筑设计研究院（集
　　　　　团）有限公司
委托机构：上海嘉定区马陆镇城建办
建筑面积：6500m²
设计时间：2010.02-2010.09

28
项目名称：上海嘉定桃李园学校
项目地点：上海市嘉定区树屏路 2065 号
设计团队：柳亦春、陈屹峰、高林、
　　　　　王龙海、范蓓蕾、宋崇芳、
　　　　　伍正辉
合作设计：上海江南建筑设计院（集团）
　　　　　有限公司
委托机构：嘉定区国有资产监督管理委
　　　　　员会
建筑面积：35688m²
设计时间：2010.05-2012.12
竣工时间：2015.03

29
项目名称：雅昌（上海）艺术中心丁乙楼
项目地点：上海嘉定区嘉罗公路 1022 号
设计团队：柳亦春、陈屹峰、王龙海、
　　　　　范蓓蕾、陈鹍
合作设计：上海杜鹃工程设计与顾问有
　　　　　限公司
委托机构：上海雅昌彩色印刷有限公司
建筑面积：750m²
设计时间：2010.11-2013.11
竣工时间：2014.05

30
项目名称：龙美术馆西岸馆
项目地点：上海市徐汇区龙腾大道 3398 号
设计团队：柳亦春、陈屹峰、王龙海、
　　　　　王伟实、伍正辉、王雪培、
　　　　　陈鹍
合作设计：同济大学建筑设计研究院（集
　　　　　团）有限公司
委托机构：上海徐汇滨江开发投资建设
　　　　　有限公司
建筑面积：33007m²
设计时间：2011.10-2012.07
竣工时间：2014.03

31
项目名称：凌云社区公共事务综合服务中心
项目地点：上海徐汇区凌云路
设计团队：陈屹峰、柳亦春、李珺、
　　　　　宋崇芳、左龙、高德
合作设计：同济大学建筑设计研究院（集
　　　　　团）有限公司
委托机构：上海市徐汇区人民政府凌云
　　　　　路街道办事处
建筑面积：16860m²
设计时间：2011.12-2015.05
竣工时间：2017.10

32
项目名称：上海徐汇中学（华发路南校区）
项目地点：上海市徐汇区华发路 68 号
设计团队：柳亦春、陈屹峰、王伟实、
　　　　　伍正辉、宋崇芳、左龙
合作设计：同济大学建筑设计研究院（集
　　　　　团）有限公司
委托机构：上海市徐汇区教育局，上海市
　　　　　徐汇区住房保障和房屋管理局
建筑面积：20280m²
设计时间：2012.05-2015.04
竣工时间：2018.05

33

项目名称：上海龙华寺综合改造项目（设
计竞赛第一名）

项目地点：上海徐汇区龙华路

设计团队：柳亦春、陈屹峰、高林、
王伟实、伍正辉

委托机构：上海龙华建设发展有限公司

建筑面积：地块 A：10750m²，
地块 D：24800m²

设计时间：2012.06-2012.08

34

项目名称：上海日晖港步行桥

项目地点：上海市日晖港与黄浦江交界处

设计团队：柳亦春、王伟实

合作设计：大野博史、张准、上海市城
市建设设计研究总院

委托机构：上海市申江两岸开发建设投
资（集团）有限公司

建筑面积：500m²

设计时间：2012.10-2015.12

竣工时间：2016.09

35

项目名称：上海西岸江边餐厅

项目地点：上海市徐汇区龙腾大道

设计团队：柳亦春、陈屹峰、王龙海

合作设计：同济大学建筑设计研究院（集
团）有限公司

委托机构：上海徐汇滨江开发投资建设
有限公司

建筑面积：1100m²

设计时间：2013.04-2013.09

竣工时间：2014.09

36

项目名称：华鑫慧享中心

项目地点：上海市徐汇区田林路 142 号

设计团队：陈屹峰、柳亦春、高林、
伍正辉、马丹红

合作设计：上海建筑设计研究院有限公司

委托机构：华鑫置业（集团）有限公司

建筑面积：1000m²

设计时间：2013.07-2015.08

竣工时间：2015.12

37

项目名称：西岸艺术中心

项目地点：上海市徐汇区龙腾大道 2555 号

设计团队：柳亦春、陈屹峰、王龙海、
伍正辉、王伟实

合作设计：同济大学建筑设计研究院（集
团）有限公司

委托机构：上海徐汇土地发展有限公司

建筑面积：10800m²

设计时间：2014.02-2014.07

竣工时间：2014.09

38

项目名称：壹基金新场乡中心幼儿园

项目地点：四川省天全县新场乡丁村

设计团队：陈屹峰、柳亦春、
高林、高德

合作设计：北京通程泛华建筑工程顾问
有限公司

委托机构：深圳壹基金公益基金会

建筑面积：1500m²

设计时间：2014.10-2015.04

竣工时间：2017.01

39

项目名称：大舍西岸工作室

项目地点：上海市徐汇区龙腾大道 2555 号

设计团队：柳亦春、陈屹峰、
王龙海、王伟实

合作设计：同济大学建筑设计研究院（集
团）有限公司

委托机构：大舍建筑

建筑面积：430m²

设计时间：2014.11-2015.04

竣工时间：2015.11

40

项目名称：云阳滨江绿道游客服务中心

项目地点：重庆市云阳县滨江大道、
青龙路

设计团队：陈屹峰、高林、
宋崇芳、王雪培

合作设计：中机中联工程有限公司

委托机构：云阳县移民局、云阳县城市
开发投资（集团）有限公司

建筑面积：9011m²

设计时间：2015.01-2016.08

竣工时间：2019.10

41

项目名称：花草亭

项目地点：上海市淮海西路 570 号

设计团队：柳亦春、王龙海、丁洁如

合作设计：和作结构建筑研究所

委托机构：上海城市雕塑艺术中心

建筑面积：96m²

设计时间：2015.04-2015.10

竣工时间：2015.11

合作艺术家：展望

42

项目名称：台州当代美术馆

项目地点：浙江台州椒江区沙门粮库文
创区

设计团队：柳亦春、陈屹峰、沈雯

合作设计：和作结构建筑研究所

委托机构：台州世贸文化创意发展有限
公司

建筑面积：2454m²

设计时间：2015.05-2015.09

竣工时间：2019.04

43

项目名称：上海艺仓美术馆 上海艺仓
美术馆滨江长廊

项目地点：上海市浦东新区滨江大道
4777 号

设计团队：柳亦春、陈屹峰、王伟实、
沈雯、陈昊、王龙海、
陈晓艺、丁洁如、周梦蝶

合作设计：同济大学建筑设计研究院（集
团）有限公司、和作结构建
筑研究所

委托机构：上海东岸投资（集团）有限公司

建筑面积：9180m²

设计时间：2015.05-2016.10

竣工时间：2016.12

44

项目名称：张江国际创新中心

项目地点：上海浦东新区张江高科技园区

设计团队：陈屹峰、高德、黄敏堃

合作设计：上海城凯建筑设计有限公司

委托机构：上海圆丰文化发展有限公司

建筑面积：98980m²

设计时间：2015.07-2017.08

竣工时间：2017.08

45

项目名称：华住集团总部大楼
项目地点：上海市嘉定区江桥镇 0804 地块
设计团队：柳亦春、王舒轶、陈昊、沈雯、陈宇、王龙海、魏闻达、唐韵、王佳文
合作设计：华东建筑设计研究院有限公司
委托机构：华住企业管理有限公司
建筑面积：$84115m^2$
设计时间：2015.08-2019.11
竣工时间：2022（预计）

46

项目名称：例园茶室
项目地点：上海市徐汇区龙腾大道 2555 号
设计团队：柳亦春、沈雯、王伟实
合作设计：和作结构建筑研究所
委托机构：广东方所文化投资发展有限公司
建筑面积：$19m^2$
设计时间：2015.09-2015.12
竣工时间：2016.06

47

项目名称：上海民生码头八万吨筒仓艺术中心
项目地点：上海市浦东新区民生路 3 号
设计团队：柳亦春、陈屹峰、陈晓艺、王龙海、王伟实
合作设计：同济大学建筑设计研究院（集团）有限公司、和作结构建筑研究所
委托机构：上海东岸投资（集团）有限公司
建筑面积：$16322m^2$
设计时间：2015.10-2017.10
竣工时间：2017.10

48

项目名称：方所书塔
项目地点：上海浦东滨江船厂绿地
设计团队：柳亦春、周梦蝶、王龙海、陈晓艺
合作设计：和作结构建筑研究所、上海市政工程设计研究总院（集团）有限公司
委托机构：上海方所文化发展有限公司
建筑面积：$8000m^2$
设计时间：2015.10-2018.12
竣工时间：2019.12

49

项目名称：浦东美术馆（国际竞赛）
项目地点：上海市浦东新区小陆家嘴
设计团队：柳亦春、陈屹峰、王龙海、南旭、沈雯、王伟实、周梦蝶、丁洁如、陈昊
委托机构：上海陆家嘴（集团）有限公司
建筑面积：$28500m^2$
设计时间：2015.11-2016.02

50

项目名称：琴台美术馆
项目地点：湖北省武汉市汉阳区知音大道
设计团队：柳亦春、陈宇、王龙海、胡琛琛、陈昊、沈雯、陈祉含、唐韵、张晓琪、巫文超、邓睿、刘鑫、庞子锐、王佳文、曹野
合作设计：中信建筑设计研究总院有限公司
委托机构：武汉地产开发投资集团有限公司
建筑面积：$43000m^2$
设计时间：2016.05-2018.09
竣工时间：2021.10

51

项目名称：金山岭上院
项目地点：北京市承德金山岭
设计团队：柳亦春、沈雯、陈晓艺、王龙海、龚娱、张晓琪、王轶、孙慧中
合作设计：北京炎黄联合国际工程设计有限公司、和作结构建筑研究所
委托机构：承德阿那亚房地产开发有限公司
建筑面积：$615m^2$
设计时间：2016.11-2018.03
竣工时间：2022（预计）

52

项目名称：诺华上海园区第二期（国际竞赛中选）
项目地点：上海金科路 4218 号
设计团队：柳亦春、陈昊、胡琛琛、陈晓艺
委托机构：诺华瑞士总部
建筑面积：$15749m^2$
设计时间：2017.01-2018.03

53

项目名称：后舍
项目地点：北京国家体育场（鸟巢）南广场
设计团队：柳亦春、沈雯、邓睿、龚娱
合作设计：和作结构建筑研究所
委托机构：CHINA HOUSE VISION 策展委员会
建筑面积：$160m^2$
设计时间：2016.01-2018.04
竣工时间：2018.09

54

项目名称：昆山锦溪高级中学
项目地点：江苏省昆山市锦富路长寿东路
设计团队：陈屹峰、高林、马丹红、唐大舟、宋崇芳、王译羚、谢靖怡、杜尚芳、高德、蔡勉、黄敏堃
合作设计：同济大学建筑设计研究院（集团）有限公司
委托机构：昆山市教育局
建筑面积：$72000m^2$
设计时间：2017.09-2022.02

55

项目名称：金山岭车行桥
项目地点：北京市承德金山岭
设计团队：柳亦春、陈晓艺
合作设计：和作结构建筑研究所
委托机构：承德阿那亚房地产开发有限公司
桥梁跨度：33m
设计时间：2017.10-2018.05
竣工时间：2021.08

56

项目名称：边园
项目地点：上海市杨浦区杨树浦路 2524 号
规划设计：致正建筑工作室、刘宇扬建筑事务所、大舍建筑设计事务所
项目协调团队：张斌、王惟捷、王佳绮、郭怡婷
景观设计咨询：一宇设计、上海罗朗景观设计工程有限公司
设计团队：柳亦春、沈雯、陈晓艺
合作设计：和作结构建筑研究所
委托机构：上海杨浦滨江投资开发有限公司
建筑面积：$268m^2$
设计时间：2018.03-2018.11
竣工时间：2019.10

57

项目名称：南京园博园地质科普馆

项目地点：江苏省南京市园博园北门入口内（原中国水泥厂湖山矿厂址）

设计团队：柳亦春、陈晓艺、沈雯、陈宇、张晓琪、王轶、陈雨微、陈祉含

合作设计：南京长江都市建筑设计股份有限公司

委托机构：江苏园博园建设开发有限公司

建筑面积：1500m²

设计时间：2018.10-2019.10

竣工时间：2021.05

58

项目名称：安吉白茶小镇客厅

项目地点：浙江省安吉县溪龙乡

设计团队：柳亦春、徐皓田、王舒轶、陈晓艺、陈旭

合作设计：华东建筑设计研究院有限公司

委托机构：安吉旭善文化有限公司

建筑面积：1942m²

设计时间：2019.05-2020.02

竣工时间：2022（预计）

59

项目名称：安吉上马坎博物馆及白茶博物馆

项目地点：浙江省安吉县溪龙乡

设计团队：柳亦春、王卓浩、王舒轶、沈雯、陈晓艺、陈雨微、陈旭、陈祉含、唐韵、曹野

合作设计：华东建筑设计研究院有限公司

委托机构：安吉旭善文化有限公司

建筑面积：7000m²

设计时间：2019.05-2020.06

竣工时间：2022（预计）

60

项目名称：武夷路 190 号（原飞乐音响厂）城市更新项目

项目地点：上海市长宁区华阳路街道 22 街坊 22/1 丘 D2-8 地块

设计团队：柳亦春、陈宇、王舒轶、王轶、魏闻达

合作设计：上海市建工设计研究总院有限公司

委托机构：上海嘉熙房地产开发经营有限公司

建筑面积：19295m²

设计时间：2019.08 至今

竣工时间：2023（预计）

61

项目名称：昆山市陆家第二中学

项目地点：江苏省昆山市陆家镇

设计团队：陈屹峰、马丹红、高德、谢靖怡、梁俊、杜尚芳、金怡蕾

合作设计：同济大学建筑设计研究院（集团）有限公司

委托机构：昆山市陆家镇人民政府

建筑面积：35000m²

设计时间：2019.11 至今

62

项目名称：阿那亚圣蓝文创与艺术中心

项目地点：河北省秦皇岛北戴河新区

设计团队：柳亦春、沈雯、王舒轶、张晓琪、陈旭、王卓浩、张益诚

合作设计：和作结构建筑研究所、清华大学建筑设计研究院有限公司、坂本一成研究室

委托机构：秦皇岛阿那亚圣蓝游艇产业有限责任公司

建筑面积：11000m²

设计时间：2019.11-2021.02

竣工时间：2022（预计）

63

项目名称：杨柳青大运河国家文化公园（国际竞赛一等奖）

项目地点：天津市西青区元宝岛

设计团队：柳亦春、陈昊、胡琛琛、徐浩田、陈旭、陈雨微、王卓浩、王佳文

合作设计：日本设计中心、李蓉晖

委托机构：天津市西青区人民政府

建筑面积：76000m²

设计时间：2020.05

64

项目名称：杭州武林门码头游客服务中心（设计竞赛第一名）

项目地点：杭州市下城区环城北路、中山北路

设计团队：陈屹峰、高林、宋崇芳、王译羚、谢靖怡、杜尚芳

合作设计：浙江大学建筑设计研究院有限公司

委托机构：杭州市运河综合保护开发建设集团有限责任公司

建筑面积：公园面积 20252m²，建筑面积 851m²

设计时间：2020.09-2021.09

65

项目名称：海南省美术馆（国际竞赛第一名）

项目地点：海南省海口市文明东过江隧道南片区

设计团队：柳亦春、陈晓艺、王卓浩、陈旭、陈雨微、张家宁、王舒轶、张晓琪、吉宏亮、李杰、刘鑫、王龙海

合作设计：同济大学建筑设计研究院（集团）有限公司

委托机构：海口旅游文化投资控股集团有限公司

建筑面积：35364m²

设计时间：2020.10 至今

66

项目名称：张家港市美术馆

项目地点：江苏省张家港市一干河路东侧，华昌路西侧，南横套河沿岸

设计团队：柳亦春、沈雯、张晓琪、陈旭、石玉洁、孙慧中

合作设计：和作结构建筑研究所、中衡设计集团股份有限公司

委托机构：江苏省张家港市文体广电和旅游局

建筑面积：18000m²

设计时间：2020.11 至今

■

后记

柳亦春　陈屹峰
2022 年 6 月

大舍成立迄今已经 20 年有余，本想赶在 20 周年之际出版大舍的中文和英文版作品集，
因突如其来的这场席卷全球的冠状病毒疫情推迟了两年。大舍由柳亦春、庄慎、陈屹峰成
立于 2001 年，成立之初，正是中国加入 WTO、注册建筑师制度刚刚开始之时，建筑师也像会计师和律师一样，成为可以独立开业的一门职业。由三名国家一级注册建筑师
以合伙注册一个有建筑单项甲级设计资质的事务所，不过细数今天仍活跃在国内和国际舞台的中国独立建筑师事务所中，取得设计资质的实际并不多见，这与后来国家也收紧了对于建筑师事务所制度的审查和管理有关。无论如何，大舍抓住了中国改革开放所带来的发展机遇，事务所的建筑设计也与中国的城市建设紧密同步，反映了中国城市发展的进程。

从 2001 年至 2010 年，大舍的大部分项目都位于上海市郊，多为郊区新城中的公共配套项目，如幼儿园、中小学、青少年活动中心等。那时的上海正处于"一城九镇"的新城发展时期，我们的项目大多位于青浦和嘉定这两个新城区，因为这两个区域与苏州地域文化的近似，我们也得以通过设计项目更多地思考与中国传统园林，特别是江南园林相关的内容。
"离""边界"和"并置"是我们在那一时期比较重要的三个设计关键词，总体上，这三个关键词都指向如何在现代设计中带入对传统空间及其美学的理解与思考，在这方面，宗白华先生的美学研究对我们影响很大。2010 年以后，随着上海世博会的召开，大舍的设计项目逐渐由郊区转向城市中心区，上海的城市发展也差不多是在那个时候由郊区新城建设转入了城市更新时期。由世博会开启的黄浦江沿岸的工业场址的搬迁，也推动了上海黄浦江两岸公共空间的发展。由徐汇滨江北票煤炭码头改造而来的龙美术馆西岸馆既是大舍最重要的作品之一，也是黄浦江贯通中西岸地区最早的滨江公共空间项目。因为这个项目的成功，大舍又陆续完成了浦东老白渡煤炭码头、民生码头八万吨筒仓和杨浦滨江的煤气厂码头的改造设计，它们分别被更新为艺仓美术馆、上海城市公共空间艺术季主场馆和边园。
在这些项目中，对每一个具体场地中的既有之物的关注，使我们对于场地开始有了自己独特的应对方法，一是如何通过结构去对话场地，一是开始在设计中把早年对园林的研究，比如因借体宜，更多地呈现为一种态度和方法，而不是从园林空间中提取的具体手法。这是两个非常重要的进展，前者让我们的设计保持着现代理性，并通过技术、材料、功能内容和城市关系进入当代语境；后者让传统营造思想有了新的立足点，也把囿于园林的一种

48·

审美和空间类型拓展为一种普遍性的设计语言。逐渐增多的上海以外的项目也让我们有机会将在本地项目中积累的经验去适应不同的场地文化，探索更多的可能性。

在大舍成长的 20 多年中，始终得到了众多前辈与同僚的帮助和鼓励。早期参与东莞理工学院、南京吉山软件园、杭州西溪湿地等集群设计是特别重要的一种经历，同行们相互帮助、相互比拼、相互学习，友谊与交流促进了我们的成长。而我们所在地的上海市政府规划和决策等相关部门对我们的信任与青睐，也让大舍能真正扎根上海，作为上海本地设计力量的一分子深入到上海的城市建设中。我们的母校同济大学也积极邀请我们回校参与教学，通过教学去总结和反思实践，也让我们始终愿意更为理论性地看待实践的工作。大舍的建筑实践也因此获得诸多国内、国际的重要奖项，参加了众多的国内、国际建筑展，也深受国内和海外建筑院校的师生们的喜爱。在此更要感谢在大舍工作过的每一位员工和实习的学生，正是他们成就了今天的大舍。

本书的英文版 *Atelier Deshaus 2001-2020* 由瑞士 Parkbooks 出版社同步出版，但本书的内容较英文版有所增加。在文字内容上增加了柳亦春与陈屹峰的对谈《即物即境》，这是 2016 年由《城市·环境·设计》杂志（UED）出版的大舍专辑中的同名对谈的修订以及增补的续篇；在项目内容上增加了早期的三联宅、东莞理工学院电子系馆和文科楼，还有近年的西岸艺术中心和上海徐汇中学华发路校区等，项目的图纸和照片也略有增加。感谢张永和为本书所做的序言，他也是大舍立志走上独立事务所的重要引路人。感谢李士桥和李翔宁为大舍及其建筑作品所撰写的评论，这些文字为我们提供了更广阔的知识背景与建筑理解。感谢赵清所做的精美书籍设计，令本书与英文版相比呈现了更为独特的风格。

我们感谢每一位关心和喜欢大舍的人，显然我们无法一一列举要感谢人的名单，因为你们都是如此地亲切和重要，不断增加，不能遗漏。你们一直在我们的心里。

图书在版编目（ＣＩＰ）数据

大舍 = Atelier Deshaus : 2001–2020 / 柳亦春，
陈屹峰著 . –– 北京 : 中国建筑工业出版社 , 2022.10
　ISBN 978–7–112–27446–8

　Ⅰ . ①大… Ⅱ . ①柳… ②陈… Ⅲ . ①建筑设计—作
品集—中国—现代 Ⅳ . ① TU206

　中国版本图书馆 CIP 数据核字 (2022) 第 094888 号

责任编辑　徐明怡
责任校对　王　烨
书籍设计　瀚清堂 / 赵　清 + 朱　涛

大舍 2001–2020
ATELIER DESHAUS
柳亦春　陈屹峰　著

*
中国建筑工业出版社出版、发行 (北京海淀三里河路 9 号)
各地新华书店、建筑书店经销
上海雅昌艺术印刷有限公司　制版、印刷

*
开本：889 毫米 × 1194 毫米　1/16　印张：30½　字数：732 千字
2022 年 9 月第一版　2022 年 9 月第一次印刷
定价：**488.00** 元
ISBN 978–7–112–27446–8
　　（38904）